建筑文化感悟与图说 | 国外卷

张祖刚 著

中国建筑工业出版社
CHINA ARCHITECTURE & BUILDING PRESS

前言

本书讲的是建筑文化理念与知识，并兼谈建筑文化摄影表现。这本国外卷，是我从1979年6月出访瑞士后，迄今到过的20多个国家几十座城市中挑选出的170个精品实例资料，介绍了带有个人感悟的分析，可使读者了解到西方建筑文化发展的梗概和对我国城市、建筑、园林事业发展有参考价值的内容。另一本国内卷，是我从1956年3月在国家城市建设总局城市设计院从事城市规划设计工作以后，至今半个世纪到过国内除西藏外的百余座城市里选出的210个精品实例资料，同样写出简要介绍与个人感悟，使读者可以看到中国建筑文化近1000年来发展的一些情况和正反两方面的经验。

"洋为中用，古为今用"是本人研究建筑文化的中心目的。通过两卷书中的精品实例分析介绍，特别是感悟的理念，针对当前我国全面建设小康社会在城市规划建设中存在的问题，提出了解决思路与方法。这是我写这两卷书的根本用意。此卷170个精品实例，是"世界文化遗产"和各国的重点文物保护项目，涵盖近百年来的现代建筑，是世界建筑大师和各国著名建筑师创作的精品，代表着各个年代的新发展。其次，对两卷中的建筑文化精品实例，都附上本人拍摄的照片，每个实例1～5张。针对我国目前建筑文化摄影存在的一些弊端，根据个人几十年来的摄影体会，结合照片实例进行了具体分析，提出了关于建筑文化摄影艺术的几个理念，这些艺术理念同建筑创作思想是互动的，以求提高建筑文化摄影和建筑创作的艺术水平。这是本书的另一个内容，也是我写此书的第二个用意。这两卷书的读者对象是从事建筑文化事业的城市规划师、建筑师、风景园林师和广大群众。因为随着社会民主程度的不断提高，群众参与城市建设工作会越来越多，所以我期盼在广大群众中普及建筑文化知识和建筑文化摄影艺术知识，这是我写此书的第三个用意。

凡事预则立。1979 年6月，访问瑞士回国后，我就开始搜集关于建筑文化的国外、国内精品实例资料，它不仅是技术方面的内容，还包括有社会的内容。我逐渐感悟到城市、建筑、园林是自然科学和社会科学结合的一门大科学，过去这一方面的书籍偏重于技术内容，而社会内容较少，这两卷书增多了对社会内容的分析。所以说，古今中外皆为我用、社会与技术内容并重、普及建筑文化知识、提高建筑摄影水平是本书的特点和目的。

为了促进建筑文化的发展，降低书价，在出版方面得到奚树祥建筑教育基金会的大力支持和资助；在此卷书出版过程中，得到中国建筑工业出版社吴宇江副编审的大力支持和帮助，在制作图片光盘时，得到丽海公司曹丽负责人的技术帮助，在这里一并向他们表示衷心的感谢。

2008年2月

Preface

This book approaches the conception of architectural culture and the relevent knowledge, involving the photographic composition of architectural culture. This edition on overseas architecture is a selection of 170 case studies from dozens of cities in 20-odd countries I have visited since 1979, along with my personal reflection and analysis, with a view to formulating an outline of the development of western architectural culture and being instrumental for the development of city, architecture and landscaping in China.

Another edition on Chinese architecture is a selection of 210 case studies drawn from 100-odd cities in China (with Tibet excluded) I have visited in half a century since 1956, when I started my career of urban planning in Urban Design Institute attached to the State City Construction General Bureau, throwing some light on the development of Chinese architectural culture in the last 1000 years and the experience in both positive and negative aspects.

With "making the past serve the present and the foreign serve the needs of China" as a guideline for my research, these two volum of books have proposed some potential solutions and approaches to addresses the problems arising in urban planning and construction in the process of building a well-off society. The 170 selected case studies, listed in the "World Cultural Heritage" or as the major historical and cultural projects under state protection in their respective countries, represent the development in different decades, illustrating the prototypes of modern arechitecture in the last 100 years. They are a collection of masterpieces of world master designers and renowned architects in their respective countries. In addition, the two volum of books approach the conceptions of the photographic art of architectural culture, addressing the defects in the photographic composition of architectural culture in China, with each case illustrated with one to five pictures. All the pictures illustrated here are a record of my personal interpretation of architectural culture and the relevent photographic composition, which interact with each other, contributing to achieving better photographic composition of architectual culture and architectural design.

Therefore, these two books, catering for city planners, architects, landscape designers and the like, aim at spreading knowledge on architectural culture and photographic art among the general public, so as to increase public participation in the course of urban construction.

I started collecting references and classic examples of architectural culture both in China and abroad, integrating technical and social elements. It is evident that city, architecture and landscaping constitute one branch of science involving both natural and social science, while previous publications emphasize technical rather than social aspects of architecture and landscaping. Therefore, my approach involves substantial effort in the aspect of social science.

My heartfelt admiration and thanks go to Xi Shu-xiang Foundation for the Promotion of Architectural Education, which contributes to the publication of the books. I am particularly obliged to Wu Yu-jiang, associate senior editor with China Architecture and Building Press, for his involvement in the publication, and Chao Li, of Lihai Company, for the technical support in the disc production of the photographic compositions.

(Translate by Xie Gong Qu)

Zhang Zhu-gang

目录

建筑文化感悟与图说 国外卷

一、建筑文化理念

这里所说的建筑是“大建筑”，包括城市、建筑和园林，这三者是一个不可分割的整体，是有着三位一体的本质联系。钱学森先生将此三位一体命名为“建筑科学”，作为一门独立的大学科而存在。中外几千年来的城市建设都体现着城市、建筑、园林三位一体的内容，三者关系十分密切。这一建筑科学理念、整体性的哲学思想会逐步被人们所认识。

这里所提的文化是“大文化”，从大文化概念来看，它包括科学技术和文化艺术。一个文化圈或一个地域的文化，可以说是地域的特殊生活方式或生活道理，它包括这里的一切人造制品、知识、信仰、价值和规范等，它综合反映了社会、经济、科学技术、观念、习俗以及自然生态的特点。由此可以看出，大建筑属于大文化的范畴，它既有文化艺术，又含有科学技术。什么是科学技术，就是以逻辑思维、逻辑语言对大自然对事物的探索、研究和认识，这是科学家、工程技术专家的事情；什么是艺术，就是以形象思维、形象感受对大自然对事物的描绘、表现和传播，这是文学家、艺术家的事情；包括规划师、建筑师、园林师的建筑科学家是兼上述两家、融两家的专门家，这是由大建筑事业的性质、本身属性所决定的。因而，我们从大建筑文化的观点来分析研究中外建筑文化的情况，以得到比较深刻和综合的认识，有利于促进建筑文化的发展。

通过改革开放后30多年来的建设实践，中国城市与建筑、园林事业取得了很大的发展，积累了一些好的经验，这些内容将在国内卷中介绍。但在一些地方还存在着缺陷：片面追求建筑形式，不适合实际与环境；规模过大，容积率高，水、气、垃圾污染环境；大拆大建毁掉历史，缺少整体保护规划；盲目崇拜西方文化，无视本国地域文化；占用绿地，浪费资源，获取少数私人利益；城市面貌千篇一律，肌理无序，失去特色；城市交通拥塞混乱，影响居民生活安全；忽视弱势群体利益，扩大居民贫富差距。

针对这些缺陷问题，在此国外卷中，结合我近30年来考察国外几十座城市后选出的有参考价值的实例，并吸取国外关于“现代主义”(Modernism)、“现代主义之后”(Post-Modernism)、“新城市主义”(New Urbanism)、“批判性的地方建筑”(Critical Regionalism)等理论中合理的观点，提出“发展”、“环境”、“历史”、“文化”、“自然”、“艺术”、“人行”、“公正”八个理念，期盼我国的建筑文化，全面贯彻落实“三个代表”的思想，使中国的城市、建筑、园林事业的发展确实走上科学发展、可持续发展的道路，为现阶段至2020年实现全面建设小康社会发挥自己应有的作用。这些理念，可集中为“中国文脉下、走向大自然、为大众服务、可持续发展”的建筑文化理念。下面具体阐述这八个理念。

（一）发展

发展产业经济，带动文化建设；不断建筑创新，促进文化发展。

从国外这几十座城市发展历程来看，都是因发展了产业经济带动着城市、建筑、园林事业的发展。产业经济包括第一、第二、第三产业经济。封建社会时期，以第一产业农业经济为主；到了资本主义社会时期，以第二产业工业经济为主；现阶段向信息社会转变时期，凡发达的地区，其第三产业经济都占到最大的比例。这是产业经济发展变化的总趋势。但每个城市都要根据自身的条件，积极发展具有自己特点的产业经济。

如美国的西雅图市，1916年在这里建立了波音飞机公司总公司和下属四个子公司，其职工数占了全市职工总数的一半；1949年辟为自由港，成为美国西北部的最大港口城市；随着城市环境的改善，又发展了船舶和医疗设备制造业等，现已成为美国重要的飞机和船舶制造中心，这些产业经济的发展，又带动了该市的建筑文化建设。美国东部城市波士顿是新英格兰地区最大的港口城市，文化历史较长，20世纪发展了机械工业、电子工业和金融业等，还建立起国家航空与航天研究中心，产业经济的迅速发展，带动了这座文化老城的文化建设。

又如欧洲城市，瑞士首都伯尔尼大力发展钟表产业，以表都闻名于世；法国首都巴黎是法国制造业中心，全国1/5的工业生产能力在大巴黎地区；比利时的安特卫普是欧洲第二大港口城市，是比利时钻石加工和贸易中心，设有250家钻石加工厂和7所钻石学校，其钻石加工量占全世界总量的一半；意大利的佛罗伦萨市，以发展旅游产业为主，其工业、手工业亦是围绕着艺术品，包括皮革、珠宝、纺织、陶器、银器等。

非洲的埃及首都开罗市，全国的1/3工业设在这里；埃及亚历山大市，是埃及的最大港口城市，全国90%的进出口货物吞吐在此，是世界著名的棉花市场和避暑胜地。

亚洲的日本京都市，是日本古都，也是宗教和文化中心，1950年被宣布为国际文化观光城市，以发展旅游、文化产业为主。

关于发展理念，还要重视建筑的创新，只有不断地创新，才能促进建筑文化的发展。建筑创新不是单纯指艺术形式的创新，还包括采用新建筑材料、新技术、新结构、新设备，并能达到"节能减排"效果的新建筑，这样的创新建筑必然会促进建筑文化的发展。

如1929年建造的巴塞罗那国际博览会德国馆，是由世界公认的建筑大师密斯·凡·德·罗设计的。该建筑采用了新材料、新结构，由8根支柱在凸出部位拧紧共同支撑一个钢制的屋面板，这8根镀铬支柱闪闪发光，馆内墙板不起承重作用，只是分隔出不同的空间，墙板材料为纹理精美的大理石和细纹理的苹果绿透明玻璃、乳白色不透明玻璃、鼠灰色镜面玻璃，以这些新材料、新构造创造出如行云流水般的、有自由导向的、室内外变化丰富的"流动空间"，将建筑新技术和建筑艺术有机地融合在一起。这种建筑创新对现代建筑文化的发展起了促进作用。

又如芝加哥，在20世纪60年代建起的汉考克大厦，其结构也有创新。大厦像是缠着钢箍的筒，每18层高度以斜叉十字钢撑构件束住，承受竖向与侧向荷载，其外形又好似一座纪念性的方尖碑，建筑内容原为公寓和商业楼，现合而为一。在20世纪70年代建成的芝加哥西尔斯塔楼，当时是世界最高的大楼，其建筑结构和建筑造型都有创新，采用束筒式结构，由9个22.9m见方的筒形平面拼在一个68.7m见方的大筒内，整个建筑分成4段，用逐段减去两个方筒的做法直升到顶，以减轻压力，整体稳定，加上顶部立有两根巨型天线，其体形富有变化。20世纪80年代建造的芝加哥伊利诺伊州政府大楼，外墙采用反射玻璃和一段透明玻璃幕墙，使中庭得到自然采光，中庭大厅由蛛网般的钢结构覆盖着，大厅内有独立的电梯箱、分段悬挂的楼梯、精细的管道等，这些新材料、新结构反映着高技派现代美的风格。这三幢芝加哥新建筑，在结构、材料、工艺、内容、形式等各方面都有创新，但这些面貌全新的建筑，都考虑了同周围环境的协调，它们代表着不同年代的新进展。

于1995年建成的巴黎法国国家图书馆，它本身除采用新材料、新构造、新设备、新信息技术外，还有一个创新思想，就是将这一空间植入城市结构中，人们可以方便地进入这个空间，此空间由像4本书的塔楼来限定，在人们脑海中留下深刻的印象——一个能产生伟大思想的空间，此空间中心有一个不能进入的森林公园，象征着不可触动的自然，同时改善了这里的空间环境。这一创新反映着20世纪末期建筑文化的新发展。

21世纪初拟建的美国纽约世界贸易中心复建工程，2002年举办了该复建工程设计方案竞赛，最后美籍建筑师里布斯金获胜，他的方案同自由女神像呼应，具有向上的气势，后于70层以上的塔尖部分，设计成利用风能转为电能的设施，这种充分利用自然、节能减排的新内容是近一时期建筑创新的一个重点，对此我们应格外重视。这些实例说明，建筑创新的内容在不断地增加与丰富，而不是片面追求建筑形式，现正在努力创造符合人类社会进化规律要求的"低耗高效"、与自然共生的新建筑，以促进建筑文化的持续发展。

（二）环境

加强环境治理，改善生活环境；适度空间容量，有利防灾卫生。

对于城市、建筑与园林的发展，要逐步减少直至消除对水体、空气的污染，还要对垃圾进行无害化处理。一个多世纪以来，世界上的很多城市都在做这项工作，因为工厂、城市随时都在排放有害气体、污水和垃圾，机动车也在排放尾气，这四个方面(污水、有害气体、垃圾和交通)的环境治理，需要大量的资金和较长的时间。凡先进的适宜生活居住的城市，都重视解决这个环境问题。

据环境优美的美国西雅图市的规划委员会介绍，西雅图在半个多世纪以前，城市环境污染严重，交通拥堵，居民生活不安定。为了改变这种不良现象，他们进行了反思，首先治理了位于市中心区东北面的华盛顿湖，对全地区的污水进行监控排放，使湖水变清，并治理全市水系，严格处理下水道系统，同时改善交通，发展步行和大众运输的道路系统，发展免费的城市公共交通，恢复了西雅图原有的大自然的优美面貌。该市环境的改善，带动了经济的发展，而经济的发展又促进环境的进一步改善，走上了城市科学发展的道路，成为人们公认的"宜居城市"。

1979年，我们访问瑞士时，看到这个国家的城市与乡村的环境是清洁卫生、符合环境要求的。首都伯尔尼，穿过的莱茵河支流阿勒河水清澈见底；沿日内瓦湖畔经洛桑到日内瓦市，湖水清澈碧蓝；苏黎世市所依的苏黎世湖亦经过了长期的治理，湖水逐步变清；这样的环境效果，是瑞士各地加强环境治理、严格管理的结果。在垃圾处理方面，瑞士各城市早已采取分级处理的办法，既废物利用，又清洁环境。政府鼓励建筑使用太阳能，给予优惠政策，既节能，又环保，瑞士是欧洲发展太阳能建筑最多的国家之一。

1996年我们来到比利时西北部的布鲁日城，它有"北方威尼斯"之称，真是名不虚传，旧城河道成网，河水晶莹碧清，整座城市整洁有序。我们了解到，城市管理部门对河道水质、垃圾处理、烟气排放都有一套符合环保要求的标准和管理办法，以保障居民生活和旅游开放的环境质量。

适度控制城市空间容量，根据城市土地、水等资源的负荷量适度发展城市的规模，是搞好城市环境的又一关键问题。目前，我国城市建筑容积率过高、城市人口过密，是造成我国城市环境质量不够理想的一个重要原因。它不仅给城市带来混乱和矛盾，也降低了城市与建筑本身的使用与经济价值，一旦遇到像2003年非典传染病灾害时，城市人口过密过大地区将十分被动，平常时期，这些地区的环境卫生亦会受到负面影响。

节约用地是正确的，但要从城市持续发展和防灾、卫生基本要求来考虑，应该找出城市空间容量的合理限度，在合理的限度范围内，又因度的不同而分出不同的等级。如美国西雅图市，分为四个等级：中心区(Urban Center Villages)居住密度每英亩(约0.4hm²)15～50居住单元，核心区(Hub Urban Villages)每英亩15～20居住单元，住宅型区(Residential Urban Villages)每英亩10～15居住单元，邻里区(Neighborhood Villages)每英亩8～10居住单元。为了保证城市的环境质量，该市采用都市村落的理念。当然西雅图市的标准较高，我们应根据我国地少人多的实际情况定出适度的空间容量，但其理念与做法有参考价值。

在一些历史文化名城的旧城中心区，人口密度比较高，为了改善环境，应采取减法，降低建筑容积率。法国巴黎在其旧城核心部分，适度调整了空间容量，将住宅建筑容积率由4～5降低到2.7以下；把经营多种活动的第10区、第11区的建筑容积率降为2；在旧商业区内，不准提高建筑容积率，有些要降低到2以下，以保留19世纪形成的第8、14、17区的城市结构。

又如美国西海岸的洛杉矶市，它是美国第二大城市，其城市布局是分散式，仅中心城市区最大，集中修建了一些高层建筑，其余各城市点，建筑容积率不高，住宅多为1～2层木构房，空间容量低，生活环境舒适，有利于防灾卫生。这一实例的标准高，但其分散布局的模式有参考价值。再看看欧洲意大利佛罗伦萨市，它是历史文化古城，是欧洲文艺复兴的发源地，它控制着城市的空间容量，仅佛罗伦萨之教堂高107m和大教堂旁钟楼高84m，以及西尼奥列广场旧宫塔楼高95m外，其余皆为低层建筑，没有任何新建的高层建筑，城市规模适度，城市空间容量适度，环境舒适。

（三）历史

整体保护名城，不毁历史文化；充分使用发展，使其更富活力。

对于历史文化名城，一定要有整体保护的思想理念，即使该城市的历史文化遭到部分破坏，也要从整体保护的观念来考虑加以补救。整体轮廓在，才能保住基本特点，其局部则会更清晰，更有价值。在这一理念与做法上，欧洲比亚洲做得好。欧洲古老的城市较多，其整体保护的实例也最多。

城市整体保护最好的要属意大利首都罗马城，该城已有2000多年的历史，从公元前建起的古罗马中心广场遗迹一直到20世纪初为意大利开国国王建成的埃马努埃尔二世纪念碑，都完整地保留着，这座历史文化名城已变成一座巨型的历史博物馆城，没有什么损坏。新的首都城市在其南7km外另建起来。这种分开新旧城的做法，使历史文化名城得到了整体的保护。新中国建国初期，梁思成与陈占祥先生曾提出过类似的整体保护北京历史文化老城的方案，但未被采纳，以致北京失去了老城的整体风貌。

另一个整体保护历史文化老城的好实例是法国巴黎。巴黎是法国的首都，其做法是未将行政中心迁出，另建新城，而是采取“成片保护、分级处理”的整体保护原则，这个原则是1977年巴黎议会通过的巴黎旧市区改建规划中提出的。巴黎旧市区，是指1845年修筑的城墙以内的范围，包括东、西两个森林公园，面积为105km²。这个整体保护原则，是将旧市区分为内外两个圈，椭圆状的内圈是保护传统的核心部分，内圈属于一级保护区，整治有三条具体原则：①保护老的住宅区，并加强居住功能，提高其舒适程度；②保存各种各样的功能，改进公共活动空间，包括文化、娱乐、商业等设施的改进；③保持19世纪建筑面貌的统一。为什么把内圈作为保持传统的核心部分呢？这是因为巴黎城的产生、发展在这个区，著名的城市中轴线贯穿这个区，城市的传统文化、商业区、街道以及闻名的古建筑和传统居住街坊等也都在这个区，是巴黎的精华所在。外圈属于二级保护区，在这个外圈中又分为三类，各类处理的具体原则是：①一类，为确定的有保存价值的街坊，保持原建成区的特点；②二类，维持原有居住的功能，对已有建筑重新控制，并适当改建建成区；③三类，发展居住的功能，对已有建筑重新控制，可以改变原有的特点。对于建筑密度、高度都有严格的控制数据。建筑容积率控制数在前面已有部分说明，内圈核心部分的“屋顶”高度控制在25m，外圈最高建筑控制在37m以下，外圈内需要保留的街坊、广场和某些风景地区同样控制在25m。巴黎旧城规划的这一“成片保护、分级处理”的原则，确实保持住巴黎旧城历史文化的特点。

在西班牙的巴塞罗那，最早的老城在滨海的西面，于19世纪城市扩展时就被完整地保存着。新开辟的城市干道沿老城东侧面和西南侧连通，老城的南北向中心道路Rambles路与新城区南北向干道通过加泰罗尼亚广场衔接。在19世纪、20世纪发展的新城区里，其近代建筑如高迪设计的教堂和米拉住宅等都被完整地保留着，突出在重要街道上。类似巴塞罗那整体保护历史文化旧城的实例，如比利时的布鲁日、西班牙首都马德里、瑞士首都伯尔尼、意大利的佛罗伦萨和威尼斯等等，在欧洲各国普遍存在。

对这些整体保护的旧城街区或建筑项目，要充分利用并有所发展，使其更富活力。有的增加生活内容，如意大利威尼斯圣马可广场，在市政大厦底层和广场北边的小街内，发展着各类商店、餐馆等，在广场东面设一些室外咖啡座，方便了生活，使游客感到它是一个“漂亮的生活客厅”。日本东京都浅草寺，此寺一年内要进行许多节日活动，在这个被保护的历史建筑周围，逐步建起商场、游戏机室等设施，并扩大了花市，形成了保留老东京风俗历史的商业游览繁华区，现已成为访问东京的外国游客必去的观光处。其他如西班牙马德里的市长广场、美国芝加哥密歇根大街南段、西雅图城市中心滨海区、德国法兰克福罗马人广场等，都是在要保护的历史建筑群内及其周围添加生活设施，使这些地方更富有活力。还有的增加绿化园林内容，如日本东京都的上野公园，在原有的博物馆建筑旁建起绿地和动物园，同时将这里组合成一个占地52.5hm^{2}的大公园，成为人们观赏历史文化或观赏动物并能休闲养神的绿化场所。美国洛杉矶亨廷顿文化园原是亨廷顿先生的住处，有一藏有珍贵书籍的图书馆和一个艺术品收藏馆，后又发展占地130英亩(约53hm^2)的植物园，共建了12个花园，现已成为洛杉矶市的一个国家文化和教育中心，可称其为“亨廷顿文化园”，到此园内可阅览珍贵的原稿，欣赏历史艺术珍品，还可在不同类型的花园之内游览或休息。其他如比利时安特卫普的鲁宾斯博物馆、日本奈良的东大寺与鹿苑、京都的金阁寺和清水寺等，都是在原有历史建筑周围增加绿地花园，使其更富有生气和活力。

（四）文化

尊重历史建筑，新旧和合一体；建筑继旧创新，发展地域文化。

对于历史建筑要尊重，新的现代建筑要处理好与旧的历史建筑的关系，不能片面强调某一方面，不能是“非此即彼”，而是要重视双方面的互补，“和合”发展。所谓“和合”系调和之意，中国传统文化对万物存在与发展的认识是“天施地化”、“阴阳结合”。“和合论”具有辩证唯物、对应统一的哲理，它排除了建筑科学中许多片面、绝对的观点。

在重要的历史建筑范围内如何和合发展新建筑呢？爱尔兰都柏林“三一学院”给我留下了深刻的印象。该学院位于都柏林市中心区，创建于17世纪，是爱尔兰最著名的高等学府，由两个庭院组成，中间立一高耸钟楼，将议会广场与图书馆广场分开，新建筑的发展是在图书馆广场的侧面，开辟一个学友广场，此新广场的一面为老图书馆，紧挨老馆建一新图书馆，对面建一新艺术馆，这些新馆的建筑高度、体量、色彩、材料等都尊重老馆，同老馆协调一致，只是墙面门窗的分割与装饰比较简洁，广场中心铺以草坪并立一新雕塑，形成了一个完整和谐的大院落，学生们在此席地而坐，有的读书，有的在交谈，和谐而有生气。美国纽黑文耶鲁大学，创立于公元1701年，它是美国第三所最古老的高等学府，校园建有希腊、罗马古典复兴式的老学院庭院建筑群，在20世纪下半叶添建了一些新建筑，如1977年建成的由路易斯·康设计的耶鲁英国艺术中心，完全是新材料、新结构，但设计人将建筑的高度和外墙线条的分割同周围建筑协调一致，使新旧建筑和合在一起；还有扩建的图书馆新馆，采用白色大理石墙面，控制建筑高度，使其同周围砖石建筑相协调；整个校园最高建筑是1917年建起的哥特式的哈克尼斯钟楼，楼高67m，它统领着耶鲁大学建筑群空间，新旧和谐一体。还有法国里尔美术馆，原老馆建于1895年，是古典复兴式建筑，20世纪70年代扩建此馆，首先清理和恢复原有老馆，并在其对面建一新馆薄片建筑，薄片建筑外表面是透明玻璃，中间的小镜片布成方格网，镜面反映出老美术馆的风貌，将新与旧和合在一起。其他如法国著名建筑师屈米设计的杜关市弗雷斯诺国立当代艺术学校，美籍华裔著名建筑师贝聿铭设计的华盛顿国家艺术馆东馆，美国著名建筑师菲利浦·约翰逊设计的波士顿公共图书馆新馆，都是尊重原有历史建筑，同其协调，组合成新旧和谐的一体。

关于文化理念，还有一点需在这里提及，就是在进行创作新建筑时，要考虑继承优秀传统的精神，以此来发展地域的建筑文化。如巴基斯坦首都伊斯兰堡的费萨尔清真寺，它的建造年代是1970～1986年，这组建筑包括礼拜堂、沐浴区院落和一所国际伊斯兰大学，设计人突破了传统常规的拱券、穹顶、伊斯兰图案的具体模式，而是应用新材料、新结构体现传统清真寺的精神意味，将礼拜堂屋顶以钢筋混凝土空间构架形成巨大帐篷形式，大堂四角立有四个高耸的邦克楼，礼拜堂前布置一个大院落，“麦加朝圣墙”和“圣龛”位于堂和院的主轴线上。这一创新发展了清真寺的建筑文化。又如美国洛杉矶南郊的加登格罗夫社区教堂，于1980年建成，这个设计完全创新了教堂的建筑平面布局和空间环境，只是继承了教堂要与天呼应的精神和老教堂自然通风、采光的做法；为了使每个座位对着并接近圣坛，将古典希腊十字形教堂平面改为四角星状，圣坛在长边的中心，其前为长方形座池，东西厅和南面设挑台座池，采用新结构白色钢网架和新材料反射玻璃，仅使8%光线透入，形成晶莹透明无顶无墙与天对应的宁静空间感觉，内部无空调设施，完全是利用自然通风和自然采光。此建筑的创新，发展了教堂的建筑文化。

此外，如美国波士顿市政府办公楼、美国华盛顿纪念碑、加拿大蒙特利尔加拿大建筑中心等建筑，都是考虑与原有建筑和传统精神的结合，创造出适合所在地的新建筑，发展了这个地域的建筑文化。

（五）自然

保证绿地面积，人与自然共生；利用自然光风，节能环保舒适。

保证绿地面积，是建立适宜人们生活和工作的生态环境的基础。所以说包括自然风景区、公园和街道、住区、公共建筑的园林绿地，是城市的重要组成部分，是保证人与自然共生、创造良好生活环境的基本因素。因而，我们要重视城市外围大的生态环境、城市本身中的生态环境(绿地系统)和建筑内外与道路小的生态环境的绿地建设。

关于大、中、小生态环境绿地建设突出的国外优秀城市实例，我所看到过的要属巴基斯坦首都伊斯兰堡。伊斯兰堡是巴基斯坦首都，1961年始建，1970年基本建成，人口20多万。该市北依玛格拉山，东临拉瓦尔湖，南有夏克帕利山，在这山上、湖旁林木丛生、花树相伴，城市就在这绿色自然中呈东西向长条状、棋盘式布局发展着。东部为行政办公区和公共事业区，西部为住宅社区，西南部为轻工业区和大专院校区，这些区内的建筑，都没有高层，居住社区为1～2层住宅，建筑容积率在1以下，各区内的建筑都融于绿化之中，绿地覆盖率在50%以上，路网绿带将各区内的绿地、花园、公园同城市周围的山上、湖畔绿地连接为一个整体，全市内外的绿地贯通在一起，建成区范围内的绿地覆盖率达到70%，完全是一个森林花园城市。该市的绿地面积，远远超过了我国2005年国家林业局颁布实施的“国家森林城市”建成区绿地率达到35%以上的指标。这个35%的指标，就是我国现行规定生活居住用地内居住区、公共建筑要有30%的绿地面积，再加上公共绿地面积和道路用地的绿地面积总和的绿地。

西班牙巴塞罗那是一个滨海城市，背山面海，北面扁长的山体上连续的丛林构成天然绿色屏障，平行山体的海滨浓郁的林木连绵不断。沿海西南部矗立着Montjuïc山丘，它的东面紧临旧城，经过几百年的建设，这里有著名的城堡、博物馆、展览馆、植物园以及1992年举办奥林匹克运动会的主体育场等，这些新老建筑隐没在苍翠绿海的环抱之中。1995年12月，我们专访了这一片的景点、花园10多处，同时还对北山脚下东北部名园、公园进行了考察，这里有高迪设计的极为自然的桂芦(G ü ell)公园、18世纪末建造的赖伯润特(Laberint)历史名园等10多处。1996年7月我们在国际建筑师协会大会期间参加了大会于北山脚下西北部一些花园、公园举办的活动，在这西北部地区有各类绿地10多处；会后，我们游览了滨海东南部的公园和小游园10多处，并徒步沿新城林荫大道观赏，这些东西向、南北向以及对角线放射形林荫绿带将上述四个方位的60多个绿色斑块连接成为一个整体，形成极具地域特色的绿地系统，它镶嵌在大自然的青山碧海之间，为居民创造了一个很好的生态环境。该市的绿地覆盖率已达到50%。

美国首都华盛顿，其中心区位于波托马克河和阿纳科斯蒂亚河两河交汇处，两条河畔的大片绿地环绕着它，内部是由国会大厦至林肯纪念堂3.5km长中轴线两侧绿地与分散且不高的建筑组成的中心区，这里突出的是大自然的绿地环境，是一个园林式的中心区，体现出首都的政治文化气质。中心区外围布置有多处大片的森林绿地，居住区多为低密度低层住宅，全市无高层建筑，规整的路网绿带将这些森林绿地、公园、各区内绿地、花园沟通在一起，使全市的建筑融于绿地之中，其绿地覆盖率达到了60%。

还有美国波士顿市中心区、法国巴黎市中心区等，都保存着相当大的绿地面积，创造了人与自然共生的环境。

在建筑创作中重视利用自然采光、自然通风和地热等，是节约不可再生资源、环境保护、创造舒适环境的一个重要内容。随着建筑技术的发展，人们过于依赖空调、电气设施的作用，不仅增加能源和资源的耗费，而且不利于身体健康。现空调机在我国城市中的使用发展很快，这不仅极大地增加了城市用电量，给城市建筑外观带来了混乱，还将室内的热气水气排到室外，污染了市区外部的空间环境。一些著名建筑师和瑞士、加拿大等国家对此问题早有认识，在其设计建设的建筑中大都以利用自然光和自然通风为主。如世界著名建筑大师赖特设计的住宅，包括为自己设计的芝加哥住宅和工作室，都是“自然的建筑”，自然采光、自然通风，与室外自然环境组合为一个整体，连其平面布局都体现着自然、灵活；对于窗的细节，他反对推拉窗，采用平开窗，以利自然通风。又如著名美籍日裔建筑师雅马萨奇，他崇尚自然的光和水，他设计的西雅图北部展览馆建筑和其他一些低层建筑，都体现出光亮、洁白和反影，自然采光，自然通风，并伴有水池喷泉，倒影清透，新颖醒目，节能环保。1979年我们访问瑞士北部的巴塞尔、中部的伯尔尼、南部的博瑞格，其住宅、体育馆、室内游泳池等，都是利用自然采光和自然通风，这说明了这个国家很早就重视节能环保和人体的舒适。1990年我们访问加拿大的蒙特利尔市，这里的建筑装饰简洁而实用，如蒙特利尔Desjardins建筑，它位于市中心区东部片，此建筑的地下层将东部片南北两个地铁站之间的建筑群连接起来，形成地下空间网，在这个建筑的地下层和地上层都布置有花木、水池喷泉，创造出自然的舒适环境，更巧妙的是，在地下层内引进了自然光线，在地上层大厅更是开敞明亮，充分利用自然光和自然通风，取得了节能环保舒适的效果。

（六）艺术

创造城市标志，形成优美轮廓；控制尺度体量，协调城市肌理。

每个城市都有自己的特点，需要创造出符合自己特点的标志性建筑，在其中心地段形成优美的建筑立体轮廓线，让人一看便知这里是哪个城市。这个标志性建筑起着统领空间环境的作用。

如加拿大多伦多市中心区电视塔和滨湖建筑群，在沿安大略湖滨西边建一高553m的加拿大国家电视塔，在此高塔旁建有屋顶可开启的大体量的大型体育场馆，以这组有对比关系的建筑统领着湖滨的高层建筑群，形成了一个富有节奏韵律、空间平衡的立体轮廓线，它就是多伦多城市的标志。又如美国芝加哥市中心区高层建筑群，在密歇根湖滨长条形公园绿地后面，高层建筑排列有序，南部是最高的深色西尔斯塔楼，中部有第二高的浅色石油大楼，北部是第三高的深色汉考克大厦，在这三幢高层建筑之间布置其他较低建筑，组成了高低错落的建筑群，从湖岸由东向西望去，呈现在眼前的是一幅有音乐节奏、诗词韵律的建筑立体轮廓画面，它已成为芝加哥市的标志。芝加哥高层建筑的布局是有规划的，1993年6月我们访问SOM建筑师事务所时看到了这个规划，几十年来该所一直负责这项工作，他们是从用地平衡、使用功能和改善环境等方面进行规划建设的。这种做法值得我国大城市参考。再看看美国西雅图市中心区海滨建筑群，这里从北到南分为三段：北段是低层建筑群，但立有高185m的西雅图最高标志性建筑"太空针塔"；中段沿湖滨保存着原有的低层公共建筑，其后为新建的高层建筑群，包括金融区、商贸中心、通信和市政厅等；南段又是低层区，有开拓者广场和历史保留区，还新建了一幢低平的供娱乐运动使用的圆形穹顶建筑Kingdome，其后为国际区。这三段北、中、南三部分有节奏地构成了西雅图中心区滨海的建筑立体轮廓，它的韵律是平中有高、高、平，且有层次，沿海边建筑低，往后退依山势排列高层。这样的布局，不仅使城市有艺术的立体轮廓线，而且保存了历史文化建筑，还做到了功能分区合理，城市用地平衡。

在历史文化的旧城内，掌握尺度、体量的和谐是个关键理念，如果新建建筑，它的体量不能高大，容积率不能过高，其尺度、体量要同原有历史文化建筑和谐。现我国众多的历史文化名城的保护，一定要有控制尺度体量的整体理念，对已建起的高层建筑要适当采取减法，协调城市肌理，使名城的历史文化得到整体保护。

在这方面国外做得比较好的实例，如法国巴黎新歌剧院，它坐落在著名的法国革命象征的巴士底广场上，设计方案是通过国际设计竞赛选出的，其建筑形式注重体量分割与对比，以此来同街区、广场的原有尺度相适应，建立起一种整体协调的概念，因而被选中。又如巴黎卢佛尔宫扩建工程，20世纪80年代，法国总统密特朗因扩大规模需要，决定把财政部从卢佛尔宫迁出，最后选用美籍华裔著名建筑师贝聿铭先生的金字塔式扩建设计方案，其扩充的建筑面积完全放在地下空间，地面上玻璃金字塔入口建筑的尺度、体量适合于原有的建筑空间，还保持着原有的城市肌理。类似的做法，还有美国华盛顿史密松非洲、近东及亚洲文化中心工程，该工程于1986年建成，建筑面积为66.8万平方英尺(约62000m^2)，其周围是19世纪、20世纪初的历史文化建筑，通过设计竞赛被选中的设计方案，是将建筑布置在地下空间，仅在地面上设入口亭式建筑，保持了地面原有建筑的历史文化面貌和城市原有的肌理。

（七）人行

构建人行系统，联网公共交通；避免汽车干扰，提升城市生气。

在一个城市的中心区或其他重要生活文化区，特别是旧城市中心区，都要逐步构建起人行街道系统，使这些为广大市民生活服务的街道空间环境不受汽车交通的干扰，人身安全，人气旺盛，真正成为符合城市市民生活需要的繁华街道。这是城市繁荣和发展的重要措施，也是促进消费增长、经济发展的重要举措，它体现着城市现代化的水平和城市兴旺与对城市居民关怀的程度。随着城市汽车的发展，特别是私人小汽车的快速增长，使城市交通被小汽车所主宰，道路交通拥塞。现发达国家的城市已扭转这种混乱局面，变成控制城市中心区汽车，构建起人性化的步行道路系统，并同公共汽车网站和地下铁路交通网站联成一体，丰富了这一地区的活动内容和提高其空间面貌的艺术水平，方便并吸引更多的居民到此活动，提升了城市生气。在20世纪60年代，加拿大蒙特利尔市中心区就开始构建地上地下连在一起的人行系统，于中心区东部Place-des-Arts片、中部Place Ville Marie片和西部 Cours Mont-Royal片，构建起南北向贯通的室内外、地下地上人行道路系统，并将这三片条状人行道路同地下铁环网连通，组合成不受地上汽车干扰的人行活动系统，人们在中心区活动亦可不受雨雪的影响。这个人行活动系统联系着170万m^2办公室空间、1400个时装用品商店、三个音乐厅、两个大百货商店和拥有3800个客房的多家旅馆，极大地方便了城市居民的工作与生活，这里的商业经营和文化活动也同步繁荣，发挥了人行活动系统的作用。加拿大多伦多伊顿中心，于1967～1981年分三期工程建成长284m的室内商业步行街，此步行街出入口，通过天桥和地道同公共交通站、停车场、周围建筑相连，形成一个人行的空间系统，购物和交通都十分方便。美国的费城也是在20世纪60年代于市中心区构建起大范围的人行系统，其中心建筑是老市政厅塔楼，在此塔楼后面建一下沉式广场，通过此广场同周围建筑联成一体，组成与公共交通连接的人行交通系统，使人们来市中心区活动十分便捷。

日本名古屋市中心大街是南北向主轴线，布置了宽100m的绿化带，在此绿带中布置有名贵花木、喷泉雕塑和180m高的电视塔，环境清新开敞。这是一条完整的步行花园街，在交叉口处都由地下连通，不受汽车干扰；中心大街地下为商业街，地下建筑通过地道与步行花园街连接，地下铁路网站设在地下层内，使这一中心大街人行系统同市内其他各区公共交通网衔接起来，市民与游客来去非常方便。法国巴黎市中心主轴线，同样是花园绿化带，即卢佛尔宫至协和广场之间的吐洛里花园，花园为下沉式，布置有大小水池、喷泉、雕塑、花坛，是一条休闲散步的人行通路，此花园东侧有地下铁路卢佛尔宫站、协和广场站与其相接，交通方便。日本东京都银座，是东京最繁华的商业区，从1970年8月起，每逢星期日下午、节日午后，禁止车辆通行，改为步行街，街心还设有咖啡座，此时游人更多，更活跃，也更安全；此银座大街北起京桥，南至新桥，都有地下铁路网站与其连接，方便人们到此活动和游览。西班牙巴塞罗那旧城中心Rambles步行街，是欧洲闻名的步行街，它还是个鲜花市场，人称“花市大街”，这里已成为各国游客必到之处，此步行街出入口都与城市地下铁路网站相连，方便游览。再举一个英国伦敦中心区著名的特拉法尔加(Trafalgar)广场实例，它于2003年完成了改造工程，将此广场中心建筑国家美术馆前的车行道路封闭，建筑前的下沉式广场的大高差台阶改造变成美术馆入口的大台阶，把美术馆建筑同广场联为一体，并于广场两侧与前面组成一个人行道路系统，同车流分行，通过这样的改造，前来广场活动的人流比以前多了13倍，提升了这一地区的人气。

（八）公正

落实社会公正，关怀弱势群体；开放城市空间，贴近城市居民。

社会公正反映在建筑文化中，就是要关怀城市广大居民及其弱势群体，公正地缩小在城市生活与工作环境里的贫富差距。政府管理部门要从城市生活居住用地中所包括的居住、公共建筑、道路交通、绿地等各个方面给予弱势群众关照和优惠。不应为了经济利益，过多地发展高档住宅、高档娱乐与商业建筑以及私人小汽车等，扩大富人和弱势群体的差距。

在城市发展中，旧城区要保留老居民，如法国巴黎旧城区、比利时布鲁日水乡老城区、西班牙巴塞罗那旧城区、美国西雅图老城区，都保留并改善着原有居住建筑，大部分老居民还在，而不是拆旧建新的高楼，把老居民弱势群体迁至郊区，使老城区变成了有钱人的居住地。他们改善或改造旧城区住房、保留老居民的做法，值得我们参考。因为这不仅是经济问题，而且存在社会问题，它保存了城市的历史文化街区，有老居民在，其文化生活特点就得到了保存，还由于政府的关照、社会公正，促进了社会的稳定。

社会公正，还体现在公共服务设施安排上，不能只从赚钱出发，要方便大众的生活。对于城市大众衣食和日常生活需要的公共设施要作妥善安排，这才是真正为城市广大居民服务。如美国西雅图市中心区中部海边依然保存着为一般市民服务的海鲜市场，建筑为原有的低层房屋，但整洁有序。美国东海岸现代化城市波士顿，在其中心区广场市政府大楼的后面仍保留着为广大市民服务的大众化老商场，受到居民的欢迎，而不是借新建市府大楼之机，拆老商场建新的商业大厦，使当地政府和开发商损害大众利益获得自身的钱财。这些好的做法，都值得北京和一些其他城市学习、效仿。方便大众生活，还体现在多开辟一些城市室外公共活动的小型广场空间，如美国纽约洛克菲勒中心下沉式广场、西雅图中心区中部高层建筑间的休闲广场、芝加哥市民中心广场、英国布赖顿住区中生活广场等，在这些小型广场空间内，布置有咖啡馆、花木雕塑、冰场、跳舞场，成为市民休闲、游乐的公共场所。

在文化生活方面，体现关怀广大居民的是，市区各类博物馆免费开放，市区各类公园免费开放。在我所介绍的这些城市中，都不同程度地做到了这一点。我国的城市也在朝着这一方向逐步实现着。

开放城市空间，还有一点值得我们参考，就是各地市政府办公楼、州政府大楼对公众开放。如波士顿市政府办公楼，平时市民可随时进入，人们都知道此楼突出部分为市长办公室，十分开放，这种作法拉近了市政府与市民的距离。又如芝加哥伊利诺伊州政府大楼，其布局体现出公众性，平易近人，中间为公众活动的中庭，围绕中庭的低层部分是商店，供大众使用，政府办公楼层在上面，均敞向中庭，为开放式办公室，每日来此参观的游人与市民络绎不绝，给人的感觉是，州政府工作人员贴近了城市居民。1989年我们到达费城，看到的市中心市政厅塔楼同样是市民可以随便进入，它对外开放。

通过以上结合实例的分析，我们对建筑文化的感悟是：要有“发展”的理念，重视发展具有自己特点的产业经济，以此带动建筑文化建设，并重视建筑的不断创新，促进建筑文化发展；要有“环境”的理念，加强水、气、垃圾、交通的环境治理，改善生活环境，适度控制城市规模和建筑空间容量，以利于防灾与卫生；要有“历史”的理念，整体保护历史文化名城，不毁坏历史文化，将保护、使用同发展结合起来，使历史文化更富有活力；要有“文化”的理念，尊重历史建筑文化，新与旧、现代与传统建筑和合发展，新建筑继旧创新，发展地域建筑文化；要有“自然”的理念，建设城市绿地系统，保证绿地面积，充分利用光、风、热，节能环保、人与自然共生；要有“艺术”的理念，创造城市与建筑标志，统领空间环境，并形成优美的城市立体轮廓，控制旧城建筑与道路的尺度，协调城市肌理；要有“人行”的理念，构建人行道路交通系统，并与城市公共交通联结成网，避免汽车干扰，提升城市人气；要有“公正”的理念，落实城市居住、公共设施、文化教育、出行交通的社会公正，关怀广大居民及其弱势群体，开放政府管理机构，贴近广大城市居民。我们相信，这八个理念对于建筑文化的发展是有益的，是符合“三个代表”思想精神的，它会为提高我国城市、建筑、园林的规划建设水平作出一定的贡献。

二、建筑文化摄影表现

这里主要是讲大建筑文化的摄影，包括城市、建筑和园林。针对城市规划师、建筑师、园林师拍摄建筑照片的需要，以及当前出版的一些有关建筑文化书籍中照片存在的建筑倾斜给人以不稳定感、画面主题不突出、环境场面小、缺少空间层次、色彩单调等问题，现提出“主题突出”、“环境优美”、“宽阔舒展”、“深远立体”、“光线柔透”、“色彩统一”、“人物点缀”、“意境成景”八个理念，以克服存在的问题，提高建筑文化的摄影水平。这八个理念是我几十年来对建筑文化摄影的感悟、心得，供从事建筑文化事业和对建筑文化感兴趣的摄影爱好者参考。

目前，摄影器材智能化程度提高很快，测算曝光相当准确，已不需要用曝光表多点测试后再调光圈、速度、距离的复杂过程，但我建议选择照相机时不要全智能化的相机，而要兼有手动调节的专业相机，能够手动调节光圈、速度和距离，以免摄影完全依赖相机，自己不能按需要控制它。同时，建议要拥有PC(Perspective Correct)镜头，即可校正透视的镜头，它可以变动视点的高低，德国、日本都生产这种镜头；还要备有超广角镜头和望远镜头。对于这些必备的摄影器材，希望能够逐步配齐。下面就具体介绍关于提高建筑文化摄影艺术实践水平的八个理念。

（一）主题突出

了解建筑文化主题，突出主题对象，这是拍摄建筑文化照片的基础。拍摄国外的城市、建筑与园林，一定要了解拍摄对象的规划、设计和建成后的特点，了解它的体形环境空间的特征，只有对这些拍摄对象有比较全面的认识后，才能很好地抓住主题，从大范围到局部拍摄到反映各个项目的一组照片，从中你会领悟到它的本质特征和社会历史背景，于正负两方面学习到很多知识。据我所知，有些人到了国外，对所拍摄的对象并不了解，到了现场抓拍几张或很多张照片，但没有抓到要点，主题不突出，这就需要事先查看一些有关资料，并进行分析，做到心中有数。1987年中国建筑师代表团赴英参加国际建协大会，观览伦敦市容时，由我带路，大家都以为我多次到过伦敦，其实这是第一次，因为事先我研究了伦敦的城市街区、广场的规划布局和主要点的特征与方位，到了现场有似曾见过面的感觉。这一点事前了解拍摄对象的习惯，可供参考。

在拍摄埃及金字塔前，分析它的特点，简洁巨大的方锥体金字塔造型，同曲线身躯的狮身人面雕像组成有力的并有变化的建筑群体轮廓线，立于沙漠边缘的30m高地上，具有高大、沉稳、壮美的形象，与大漠孤烟的尼罗河三角洲环境协调在一起，表现出帝王皇权的神圣。根据这个主题，拍摄了一张远景大漠金字塔轮廓线的夕阳西下时的景观和一张中距离的外景，以及两张近距离的特写画面；这两张特写，一是通过光影和人物对比，体现金字塔是由数吨重的巨石所组成，另一张是用望远镜头拉近距离看到的以蓝天白云衬托深色狮身人面的细部。拍摄雅典卫城时，我们认识到帕提农神庙是卫城的主题建筑，是希腊本土最大的多立克式庙宇，是卫城最华丽的建筑，全部用白色大理石砌成，它立于台地的最高处，雄伟壮观。对它我们选用低视点拍摄，也就是绘画中所说的虫视法，拍下外观全景和柱廊特写，以体现这一主题特点。对这些建筑的外观，都要注意保持它垂直地面，不要有任何倾斜透视之感，以求建筑的稳定，符合正视时的感受。

对于意大利罗马中心广场图拉真纪功柱的拍摄，我们了解到，它高35m多，立于小院中，柱身刻有图拉真远征的功绩，柱身浮雕带下宽上窄，对比强烈，让人产生对帝王的崇拜之感，以后1000多年来欧洲流行的单棵纪念柱就来源于此。为了表现该柱的这个创作意图的主题，我们选用PC镜头低视点拍摄，使柱身垂直地面，高耸挺拔，以取得端庄让人崇敬的效果。在拍摄罗马圣彼得大教堂时，我们知道它是罗马全城最高最宏大的建筑，穹顶上十字架尖高达138m，建筑前梯形广场连接着由粗大柱廊围起的长圆形广场，广场设计人伯尼尼说，柱廊有象征欢迎和拥抱朝圣者之意，两个广场的明确中轴线贯穿着大教堂，庄严雄伟。为了突出这个主题，在广场中心能够见到大教堂穹顶处选用PC镜头低视点拍摄其全景，并在大教堂屋顶平台上拍摄了俯瞰教堂前檐和广场与城市关系的全景照片。来到罗马纳沃那广场，事前我们了解到它是在原赛车场遗址上建起的，故呈长条方圆形，广场的主体部分是在短轴线上，即长边中心位置的阿涅斯教堂和教堂前、广场中心的“四河喷泉”方尖碑，在广场中心的两侧各布置一个次要的较低的雕塑喷泉，烘托着主体部分。“四河喷泉”方尖碑是著名建筑师伯尼尼设计的，巴洛克式，动感极强，活泼富有生气。这个避开城市交通的封闭式广场是人们观赏艺术雕塑喷泉和休息的场所。按照这一主题，拍摄了体现广场主体建筑的全景照片和两侧雕塑水池喷泉的局部画面。

其他各处，如意大利佛罗伦萨中心西尼奥列广场的碉堡式旧宫塔楼，罗马西北面巴格内亚村兰特别墅(Villa Lante)的台地园，法国凡尔赛宫苑的大轴线，法国里尔美术馆的新老馆的镜面结合，西班牙格拉纳达阿尔罕布拉宫苑的姚金娘庭院和狮子院，爱尔兰都柏林“三一学院”的钟楼和学友广场，比利时安特卫普的大教堂，比利时布鲁日的水乡风貌，美国芝加哥伊利诺伊州政府大楼的中庭，美国纽黑文耶鲁大学的哈克尼斯钟楼，美国西雅图滨海的公共市场中心，日本名古屋市中心区的绿带大街等等，这些都是拍摄对象的主题，我们是从选景、构图等各个方面突出这些主题特点。

（二）环境优美

环境是选择画面的重要内容，建筑外部空间环境和建筑内部空间环境是体现建筑文化对象使用功能和给予人们精神感受的重要组成部分。在拍摄前，我们要观察环境的特点，注意建筑群体，同其前后左右的自然山水、绿化、建筑的关系，通过对环境的综合选择，可以更加突出主体建筑的文化特点，真实准确地反映出它的历史、自然、社会的地域文化特征，或是建筑文化创新的特点。

对于大自然园林环境同主体建筑完美结合的凡尔赛宫苑实例，我们抓住园林环境大轴线布局的特点，拍摄这条纵向中轴线的景观，前景是拉托那(Latona)水池雕像喷泉、长条形绿色花坛，中景是阿波罗(Appolo)水池雕像喷泉，远处是十字形大运河；运河纵向1560m，宽120m，横向长1013m。这个放大尺度的运河，当时供路易十四在水上游赏使用，它的粗犷开阔与细致的两大水池雕像喷泉形成对比，它们结合在一起，加强了这条纵向轴线园林环境的宏伟气势和严整深远的气派。同时拍摄大轴线上凡尔赛宫前后中心部分的空间环境面貌和大轴线上的两个水池雕像喷泉，以体现原规划设计炫耀君王权威的意图。我们拍摄伦敦象征性的标志建筑—国会大厦时，注意反映出它的优美环境，并由于环境的衬托体现出建筑群的富有韵律的立体轮廓。该建筑是国王的宫室，后逐步改为上、下议院使用，大厦立面长280m，是世界上少有的宏大哥特式建筑群，大厦西南角有高104m的塔楼，东北角立有高98m的方塔钟楼，此钟楼即世界闻名的威斯敏斯特钟，由英国广播公司向全世界播送钟声。该建筑群矗立在泰晤士河畔，因而将拍摄点选在泰晤士河对岸，宽阔的河水是其前景环境，后面展示出横长大厦两端立有高耸塔楼的优美轮廓；另外拍摄一张有绿树烘托的方塔钟楼近景。

到了北美洲的加拿大多伦多伊顿中心，我们注意拍摄该建筑的室内环境空间。这个伊顿中心商场是以一条长274m室内商业街为主要轴线，这条主轴线的顶部为拱形玻璃天窗，悬挂着栩栩如生的群鸟，下面各层布置有花木和喷泉，创造出自然花园式的环境；所拍照片集中反映了它的室内自然环境的特点。关于美国芝加哥密歇根湖畔格兰特公园，我们感到这块绿地公园环境对芝加哥市中心区环境质量的提高起着关键性的作用，因而将它列为专项进行了介绍与拍摄。该公园位于密歇根湖与市中心区密歇根大街之间，中心布置有世界最大照明喷泉，沿湖滨有浴场和游艇区，公园内花香鸟语，林木葱郁，还点缀着精美雕像，这条长长的绿带公园多方面地改善了芝加哥市中心的环境质量。针对这块绿地环境的重要性，我们拍摄了从南向北望的公园全景，反映出它与城市的关系，同时拍摄了几张滨湖景色、大喷泉、花卉喷泉雕像的局部景观照片。

其他各地的建筑环境实例，如意大利罗马圣彼得大教堂的室内穹顶下空间环境，威尼斯的水乡风貌环境，庞贝古城巨石路面的街道环境，法国巴黎罗丹博物馆室外雕塑环境，巴黎法国国家图书馆中心的森林公园环境，巴黎枫丹白露宫的花园环境，比利时布鲁塞尔原子球展览馆的室外环境，波士顿查理河两岸环境，洛杉矶郊区迪斯尼游乐园环境，西雅图中部高层建筑间的休闲广场环境，巴基斯坦拉合尔真珠大陆旅馆的室外花园环境，日本横滨的滨海绿地环境等等，这些环境内容，都是画面的重要组成部分，借以更加突出所拍建筑文化的主题特点。

（三）宽阔舒展

凡拍摄建筑文化的全景照片时，一般都需要拍成宽广的画面，它可以体现出整体面貌和主从的关系，并能有更多的环境内容，显得空间开阔舒展，画面的空间感强。中国长卷画构图就是表现广阔空间环境的艺术手法，建筑文化摄影可以借鉴这一构图方法。但要取得宽广的画面效果，一定要选用广角镜头或超广角镜头，这是必备的工具。因为一般家庭使用的135 型相机镜头为50mm的焦距，视角只有30° 多，选用35mm焦距镜头视角也达不到60° ，起码要备有28mm焦距的广角镜头，视角可超过60° ，才能达到人们正常的视角范围。如有条件，建议选购一个焦距为19mm的超广角镜头，其视角范围可达到将近90° ，有了这个超广角镜头，在室内拍摄才能取得宽阔舒展的效果，这是因为在室内摄影受到空间的限制，无法退到更远处。

关于宽阔舒展的实例，如西班牙巴塞罗那Montjuïc博览会艺术品陈列馆全景照片。该馆是1929年为举办国际博览会而修建的，位于山丘北边的山坡上，我是从博览会中心大道旁用超广角镜头将层层升起的大台阶和立面横向展开的博览会艺术品陈列馆全貌及其两旁搭配的建筑与绿化环境，全部收入画面中，表现出气势雄伟的博览会主体建筑的整体面貌。如果没有超广角镜头，采用接片的方法，其中间为建筑，难以接齐，这就显示出超广角镜头的作用。又如加拿大多伦多市中心区滨湖建筑群照片，是从安大略湖中奥林匹克岛上用超广角镜头拍摄的，前景是绿叶与碧青的湖水，其后是滨湖矗立着的优美建筑群，展示出一幅高耸电视塔极为突出的富有韵律节奏的建筑群立体轮廓的长卷画面，广阔而舒展。类似的实例，还有美国芝加哥滨湖建筑群照片，是从密歇根湖东面向城市西部采用超广角镜头拍摄的，画面上是一幅有节奏变化的建筑群立体轮廓画面，舒展宽阔。美国西雅图中心区是一组南北向长条状的滨海建筑群，拍摄它的滨海全景照片要到海中寻找较远的拍摄点，由于选用超广角镜头，在一较近的半岛上拍到了中心区滨湖建筑群的全貌，展现出西雅图中心区宽阔舒展的优美建筑天际线。

巴基斯坦拉合尔贾汉吉陵墓，其规模宏大，内院宽广，主体建筑陵墓横向较长，具有较高的塔楼，这时超广角镜头又发挥了作用，拍摄到陵墓建筑的全貌，广阔而又均衡。日本京都平安神宫，它是日本最宏伟的一座神宫，正殿宽阔高大，殿两边以走廊连通东面苍龙楼和西面白虎楼，为反映出这组宏大的建筑群，选用超广角镜头，把正殿和苍龙、白虎楼以及庭院组织到一个横长的全景画面里，宽广而有力度。

其他宽阔舒展的景观照片，如埃及开罗市中心区尼罗河两岸的景色，法国巴黎埃菲尔铁塔脚下的花园景观，巴黎中心区协和广场从东向西望和从北向南看的全景，西班牙巴塞罗那西班牙广场全景，英国布赖顿的海滩、长堤景色，瑞士日内瓦的湖滨景色，美国华盛顿的国会大厦全景，洛杉矶的夜景，日本名古屋中心绿带大街景观等等，都是选用超广角镜头拍摄的宽阔景色。

（四）深远立体

欲穷千里目，更上一层楼。要使拍摄的画面景观深远立体，就必须选择高视点，在国外无法借用高架车，只能选择高山、高坡、高台地和高层建筑或高塔，站得高，看得远。高视点可拍到空间层次丰富、立体深远的景色，还能拍到城市、建筑、园林的序列空间，体现出中国画长卷、立卷表达空间深远层次的特点，使画面的整体感、立体感得到加强。在高视点处拍摄，超广角镜头和望远镜头都能发挥作用，选用超广角镜头，可拍摄到大场面、层次深远的全景照片，选用望远镜头，可调到远处的俯视特写画面。

关于拍摄深远立体场面的实例如法国巴黎大宫、小宫和恩瓦立德教堂照片，都是在埃菲尔铁塔上面平台拍摄的。向东北方向望，拍到大宫、小宫和协和广场等有层次的立体景色；向东南方向望，就拍到了近处为恩瓦立德教堂、远处是先贤祠的空间深远的立体景观。又如西班牙巴塞罗那博览会场景观的照片，是从博览会艺术品陈列馆的高平台上向北拍摄的。近处是原博览会中心大道，中景是西班牙广场，远处是建有电视塔和老教堂的北山景观，层次丰富，空间深远，立体感强。美国华盛顿中心区的林肯纪念堂全景、杰斐逊纪念堂全景和白宫全景照片，都是从华盛顿纪念碑顶部上拍摄的。向西看，拍到林肯纪念堂，其背后是波托马克河与河西城市的景观；向南看，拍到杰斐逊纪念堂，其背后是波托马克河与河南城市的景观；向北望，就拍到了白宫及其后面的城市景观，空间深远，层次较丰富。到了芝加哥，站在西尔斯塔楼上向北可拍摄到远处为汉考克大厦的建筑群景观，站到汉考克大厦顶部向南可拍摄到远处是西尔斯塔楼的建筑群景色，都获得了富有层次的立体效果。还有波士顿中心区绿地公园和查理河两岸景观的照片，是在240m高的波士顿汉考克大厦观光厅拍摄的，向东看是大片的公园绿地及其后面城市的景色；向北望是宽阔的查理河，河南面有成片整齐的住宅区，绿带穿插其间，河北面有著名的麻省理工学院建筑等，建筑造型简洁而有变化；这两处的景观照片空间深远，富有立体感。

其他深远立体的景观照片，如意大利的兰特别墅园，瑞士伯尔尼的旧城和沿阿勒河旧住宅区，加拿大的尼亚加拉大瀑布(Niagara Falls)，美国纽约的金融中心、自由岛上的自由女神像，西雅图北部的展览馆全景、中部的高层建筑区，日本名古屋的市中心大街全景、名古屋东山公园等等，都是从高台、高层建筑、高塔上拍摄的，景观立体深远，空间富有层次。

（五）光线柔透

光线是摄影的生命，如果没有光线，那么世上的一切事物都将漆黑一片。光线柔和、均匀，能清晰地表现出所拍摄的城市、建筑和园林景观；光线还要透亮，就是说能见度要高，拍出的对象就能更清楚，表现出质感和空间的层次。光线柔透同时间有一定的关系，在一天之中，清晨、黄昏前光线比较柔和，中午容易过于强烈；一年四季中，春、中晚秋、冬季柔和，夏季光线强烈。在拍摄建筑室内时，若光线不均匀，对黑暗之处要补光，以求光线匀亮。在了解光线柔透的基础上，要掌握拍摄方位同光线投射方位的关系。当两个方位一致时为顺光摄影，其效果不佳，因没有背光阴面，建筑或物体缺少立体感；当拍摄方位正对着光线照射方位时为逆光摄影，其效果也不好，所拍之物皆为背光阴面，同样缺少立体感，画面沉闷，但个别时候可以借反光拍到附有亮边的剪影轮廓画面。当两个方位成锐角或钝角时为侧光摄影，效果最佳，所拍对象有受光背光两面，表现出立体形象，画面立体感强，生动而有层次。在国外拍摄时，常会遇到阴、雨天，无法变更拍摄时间，不要灰心，有时阴雨天，亦能拍到具有特殊情调的照片，因地面有反影，建筑与山水环境融于空蒙蒙之中。

下面介绍三种光线柔透的实例。第一，清晨和黄昏前选用侧光的照片，如早晨拍摄的西班牙巴塞罗那巴特娄宅邸外景、瑞士博瑞格小山城街景、巴基斯坦拉合尔巴德夏希清真寺礼拜寺殿外景，光线均匀柔和，建筑墙面与屋顶反光透亮，空间层次清晰；又如下午拍摄的意大利罗马大斗兽场外景、法国巴黎凡尔赛宫拉托那雕像水池喷泉、比利时布鲁塞尔市中心大广场皇家大厦外景，光线柔美透明，建筑弧形外观宏伟有力，柱廊通透，富有韵律变化，雕塑感强，生动稳定。第二，钝角侧光的照片，如西班牙格拉纳达阿尔罕布拉宫苑的狮子院、爱尔兰都柏林圣·斯蒂芬公园的景观建筑，巴基斯坦拉合尔真珠大陆旅馆的大花园，这三张画面都是以建筑柱廊为前景，透过低照射的钝角侧光和地面反光，使建筑内细部清晰可辨，柱影横斜，生动活泼，穿过空廊是露出蓝天的庭院雕塑或自然园林景观，空间敞透，层次丰富。第三，室内照片，如比利时布鲁塞尔易明多公园里中国古式建筑室内装饰与陈设、美国华盛顿国家艺术馆东馆大厅、芝加哥伊利诺伊州政府大楼中庭、洛杉矶加登格罗夫社区教堂内景，这四处的室内摄影，都注意了光线的柔透，避免光线的强烈对比，出现大片黑影，模糊不清，而取得了室内空间环境明快清晰、柔和通透的效果。

另外，还有许多好的实例，如意大利罗马圣彼得大教堂的柱廊，罗马特雷维喷泉，佛罗伦萨中心西尼奥列广场的海神雕像，法国巴黎新歌剧院，巴黎法国国家图书馆，西班牙马德里王宫，巴塞罗那哥伦布纪念碑，格拉纳达阿尔罕布拉宫苑姚金娘庭院，美国芝加哥西尔斯塔楼入口，西雅图太空针塔外景，洛杉矶亨廷顿图书馆，巴基斯坦拉合尔夏利玛园，拉合尔真珠大陆旅馆主楼外景，日本京都金阁寺，京都平安神社正殿全景等等，都是选择柔透的光线，以侧面光或钝角侧光拍摄的，成为富有层次、立体感较好的照片。

（六）色彩统一

色彩统一，主要是使画面的颜色不要杂乱，要有统一的色彩组合，根据拍摄的主题，选出色彩统一的画面。画面的色彩要注意饱和，多种多样的色彩都是由三原色——红、黄、蓝组合而成，简单地讲，色彩的饱和就是在画面中红、黄、蓝三种颜色都要有，但其比例可千差万别。红与绿是互补色，因绿色是由黄与蓝组合而成的，红加绿即是三原色的全色；蓝与橙、黄与紫也是互补色，都是三原色全色。同时，还要注意画面要有一个色调，如暖调和冷调，以红、黄、橙为主的画面，产生暖调效果，以蓝、绿、青紫为主的画面，便是冷调感觉。一年四季的自然配合景色春夏秋冬各有其调，春季多为嫩绿加鲜艳的花卉色，夏季多为较深的碧绿、蓝色，秋季多为橙黄色暖色调，冬季多为灰、白色冷色调。

色彩统一、色彩饱和的实例。如西班牙巴塞罗那米柔独块石雕作品，其本身色彩艳丽饱和，红、黄、蓝色在石雕中心位置，上下并配有粉绿色，画面前后还有碧水蓝天，色彩十分饱满；又如日本横滨的中华街景，其入口中国牌楼，色彩浓艳，红柱、蓝绿色彩画、贴金线，颜色饱和，后面大街两旁中国式店铺的色彩亦靓丽饱和。色彩统一、互补色协调的实例，如埃及亚历大山航海博物馆外景，主体建筑博物馆为黄橙色，前面的大片海水为蓝色，蓝与黄橙色互补，画面色彩协调统一；又如瑞士北部乡村住宅外景，周围环境为起伏的大片绿色林木，只有画面中心的小住宅为红色，万绿丛中一点红，格外醒目突出，颜色和谐互补，色彩统一。

具有春季色调的实例，如意大利佛罗伦萨卡斯特洛别墅园、罗马东面蒂沃利爱斯特别墅园，树叶新绿，花坛嫩绿，花卉新鲜，池水清澈，体现出万物复苏的景象与色调。具有夏季色调的实例，如瑞士日内瓦滨湖建筑、美国芝加哥密歇根湖畔格兰特公园滨湖景色与湖滨绿地雕像景观，林木葱郁，绿地树叶变为深绿色，湖中游艇与花园幽静自然景象相结合，反映出夏季的色调。具有秋季色调的实例，如法国巴黎凡尔赛宫苑小特瑞安农景观、西班牙马德里皇家植物园台地景观、美国洛杉矶亨廷顿文化园，画面都为橙红黄色的暖色调，红叶落地，景色透亮，显出秋日风光的色调。具有冬季色调的实例，如美国华盛顿中心区林肯纪念堂、杰斐逊纪念堂、法国巴黎迪斯尼乐园动物冰雕夜景，画面中有冰雪，色彩以白、灰、灰蓝色为主，体现着冬季寒冷的冷色调。

另外，还有不少色调统一的较好实例，如意大利罗马西班牙广场，意大利佛罗伦萨波波里花园，意大利马焦雷湖中的伊索拉·贝拉园，法国巴黎凡尔赛宫苑阿波罗雕像水池喷泉，法国里尔美术馆，西班牙马德里西班牙广场，巴塞罗那国际博览会德国馆，比利时安特卫普鲁宾斯博物馆，俄罗斯莫斯科红场、莫斯科马涅什广场购物中心，瑞士日内瓦滨湖玫瑰园，美国芝加哥玛利那双塔公寓等等，其画面都有一个统一的色调，色彩饱和，色彩统一。

（七）人物点缀

有人主张，在建筑文化照片里不要人物，画面干净，突出对象本身。我们所拍摄的照片，与此观点相反，大多数都有人物，这是因为人物能起到点缀的作用。城市、建筑、园林都是为人服务的，是居民活动的场所，有了活动着的人物，就能更清楚地反映出它的使用功能。人物点缀还能起到反映所拍对象尺度的作用，有了人物作比例，就能对比出城市、建筑、园林空间的尺度大小。人物在照片中，还有装饰提神的作用，几个人物的位置、动作方向、服饰色彩，都能使主题更加突出，色彩达到对比饱和，画面更加生动活泼，富有生气。

下面介绍一些人物点缀起到突出使用功能和尺度作用的画面。意大利罗马西班牙广场，其众多的外地游客和市民，衬托出此广场是观赏“三一教堂”、方尖碑、布满鲜花大台阶、老船喷泉水池和休息的地方，并能看出这一广场的规模。威尼斯圣马可广场，画面中的游人反映出它是人们观赏圣马可大教堂、高耸钟塔等建筑文化艺术和休闲的“大客厅”；特别是雨后人与灰鸽在这里休闲的照片，说明此广场还是人与自然生物和谐共同生活的地方；通过人的大小尺度，更加烘托出主体建筑圣马可大教堂等的雄伟壮丽。英国伦敦特拉法尔加广场，同样反映着人与鸽的休闲自在，说明该广场的大众化。布赖顿住区中公共活动广场，规模不大，但它方便了居民的生活。爱尔兰都柏林“三一学院”学友广场，画面中学院学生分散在广场草坪周围看书或交谈、休息，反映着高等学府的学术气氛和美好的学习环境。美国纽约洛克菲勒中心下沉式广场，照片中青年们正在溜冰，反映着这里在冬季作滑冰场使用的情景，完全是一个为一般市民使用的休闲娱乐场所。芝加哥市民广场、市政厅旁广场，画面气氛活跃，众多的市民正在跳交际舞，场面不小，反映出大众广场是深受广大市民欢迎和喜爱的地方。

再介绍几张人物点缀起到装饰、提神和尺度作用的照片。法国巴黎沃克斯·勒·维康特园细雨蒙蒙的景观画面，在这丛林背景大片花坛水池前，点缀了两位打伞的游人，这人物起到了提神和尺度的作用，反映出这里的自然环境格外幽静。巴基斯坦拉合尔贾汉吉陵墓园的景观照片，这是从陵墓主体建筑望入口处，其画面是绿色的林木，在此绿地中点缀了三个身着靓丽黄、红色服饰的妇女，她们起到了装饰、色彩、提神和尺度的作用。日本奈良东大寺金殿正面外景，照片的前景有多位打伞朝主殿走去的人物，人物点缀，更加突出了东大寺主殿雨时的朦胧景象。

其他人物点缀的较好实例，还有埃及开罗金字塔外景，意大利罗马特雷维喷泉全景，法国巴黎蓬皮杜文化中心外景，里尔美术馆有儿童的外景，英国布赖顿皇家宫殿外景，伦敦依柔兹(Eros)雕像，爱尔兰都柏林圣·斯蒂芬公园，瑞士则尔玛特车站马车，加拿大多伦多伊顿中心，美国西雅图中部高层建筑间的休闲广场、休闲花园，日本东京都上野动物园，东京都银座节假日时步行街景观等等，都反映着人物所起的烘托主题和尺度的作用。

（八）意境成景

意境是建筑文化深层次涵义的境界，意境成景就是要使我们拍摄的城市、建筑、园林画面，通过摄影艺术手法，使其富有诗情画意的形象与环境，表达出一种更深内涵的思想精神，它能激发观者的情感。这种达到艺术最高境界的意境成景画面，是我们每个摄影者都要追求的。这里所说的摄影艺术手法，包括着此文提到的八个理念。我们拍到的“意境成景”画面，若能加上如中国匾额的点景题字，就更能提升此照片的意境品质，突出城市、建筑、园林景观的文化特色。

关于意境成景的实例，如埃及开罗金字塔剪影照片，三座金字塔矗立在尼罗河西岸广阔无边的沙漠边缘的一块高地上，外形高大、简洁、沉稳，极富表现力，其意图是体现至高无上的皇权。我们根据金字塔的这一特点和思想涵义，多次到现场观察，终于在一次黄昏时，拍摄到具有“大漠落日、壮丽塔影”意境的成景画面，反映着它所在的大自然环境及其本身的特征。我的体验是，这类照片非一次所能抓拍到的，往往需要较长时间或多次到欲拍对象的现场才能够拍到。又如意大利最北端的马焦雷湖中的伊索拉·贝拉园入口处景观，该园位于马焦雷湖中，有层层台地，轮廓起伏，不仅本身花园风貌很优美，从岛上向外看都是美丽的景色。1995年4月我们来到此岛，正逢细雨朦胧时，当上岸在西边的入口处向西望去时，一幅意境成景的画面呈现在眼前，近景是清晰的由湿润的草坪与苍翠林木组成的入口广场，中景与背景是如烟的湖水和空蒙的山景，有如梦幻的境地，我称此画面为“山色空蒙细雨奇”景观；从此西岸入口漫步到北岸入口处，这里的广场较大，其前景的左边是清楚的被雨淋湿的葱郁的高树，中部与右边是带有反光的广场碎石地面，广场地面之后是湖中烟雨蒙蒙的小岛，我称此画为“烟雨湖岛疑仙境”景观。这两张意境成景的画面，当天晴时则又是另一番景象。为了适应地质和环境的需要，在美国芝加哥密歇根湖畔修建了一个长条状的大公园绿地，高层建筑都退在其后有序地排列着，其韵律节奏在感悟一文中已有叙述，这里只着重说明画面的成景意境。1989年12月来到此处正值雪后放晴时，拍到的是具有“阳光耀眼的雪初霁景”意境的画面；1993年6月，在同一地点拍成的是具有“灯光晶莹的仲夏夜景”意境的画面。这两张意境成景的芝加哥滨湖建筑群画面，可以代表着芝加哥市的特点。

关于意境成景的实例，还有意大利威尼斯大运河夜景，威尼斯圣马可广场雨景，法国诺曼底海中栈桥，巴黎凡尔赛宫苑小特瑞安农景观，巴黎圣母院晨景，巴黎“古堡喷泉”，巴黎迪斯尼乐园高大古堡塔楼夜景，巴黎巴士底纪念柱，西班牙马德里交通部门大楼夜景，巴塞罗那神圣家族教堂夜景，德国法兰克福美因河畔夜景，加拿大多伦多休闲岛湖滨景观，多伦多湖滨建筑群立体轮廓，美国华盛顿国会大厦正面夜景，洛杉矶亨廷顿文化园景观，洛杉矶加登格罗夫社区教堂内景，日本东京都银座节日步行街与夜景等等，这些摄影照片比较好地表达了建筑文化形象及其环境，体现出具有一定意境感受的景观。

上述的“主题突出”、“环境优美”、“宽阔舒展”、“深远立体”、“光线柔透”、“色彩统一”、“人物点缀”、“意境成景”的八个理念，是密切相连的，在进行建筑文化摄影创作时全部或部分地运用这些理念，以充分体现建筑文化的形象与内涵，创造出具有思想艺术感染力的摄影作品，这就是我写此文的初衷。

三、国外建筑文化精品图说

(一) 埃及

约公元前3000年，上、下埃及王国统一，约公元前2560年建起最为宏伟的第四王朝吉萨金字塔群，约公元前1500年建起德尔 · 爱尔 · 巴哈瑞神庙(Temple of Deir-EL-Bakhari)，为台阶大露台式，在其内部及外围植树，形成圣林神苑，系祭祀阿蒙神的，笔者于1985年1月到现场参观时，仅存建筑，树木皆无。公元前14世纪国王阿米诺菲斯(Amenophis)三世时期，首都在底比斯(Thebes)，大兴土木，神庙兴旺。

实例1 开罗吉萨金字塔群

吉萨金字塔群，位于埃及开罗市西南的吉萨地区(Giza)，建在尼罗河西岸广阔无垠的沙漠边缘的一块高约30m的台地上，塔形高大、简洁、沉稳，极富表现力。它是前人列为“古代七大景观”之一而唯一保存至今的一组建筑，是联合国教科文组织选入世界第一批文化遗产的项目。

该塔群是埃及第四王朝(约公元前26世纪)存放奴隶制法老(国王)木乃伊的陵墓，共有三座金字塔，均为正方锥体，其中最大的Cheops金字塔高146.6m、底边长230.35m，Chephren金字塔高143.3m、底边长215.25m，Micerinus金字塔高66.4m、底边长108.04m。这三座金字塔是用浅黄色石灰石块砌成，所用石块巨大，有的长5～6m，重3t以上，两个大金字塔各要使用200多万块巨石。墓室在塔的中心位置，从甬道进出，部分甬道窄小，需弯腰行走，部分地段通风差，能嗅到异味。

在三座塔前方有一座巨大的狮身人面像，是就地岩石凿成，高约20m，长约46m，它与对角线相接的金字塔群形成了一个富有变化的整体。关于狮身人面像斯芬克斯(sphinx)有一个神话故事，在上埃及底比斯城外出现了一个长着美女头部、狮子身子的怪物斯芬克斯，她是巨人堤丰和蛇怪所生的一个女儿，她对来往底比斯的居民提出谜语，如果猜不出就被她吃掉，全城恐慌。该城张贴告示，谁能除掉此怪物，就可获得王位。原逃离底比斯的俄狄浦斯勇敢地站在斯芬克斯面前，请求解答谜语，狡猾的怪物出了一个难猜的谜语：“早晨四条腿走路，中午两条脚走路，晚上三条腿走路，这是什么生物？”俄狄浦斯随即答出“这是人，人在幼年恰似生命的早晨，用两条腿两只手在地下爬行；到了壮年就像生命的中午，用两条腿走路；到了老年就如生命的黄昏，需拄拐杖，犹如三条腿走路。”他准确地破解谜语，使斯芬克斯不得不坠岩死去。此后，俄狄浦斯就成了底比斯国王。

这组金字塔群，历时30年，驱使10万奴隶建造完成，是奴隶制社会皇权统治压迫下的历史产物；同时也体现了古埃及卓越的起重运输与建造技术，以及高水平的象征性的与大自然相结合的建筑艺术。

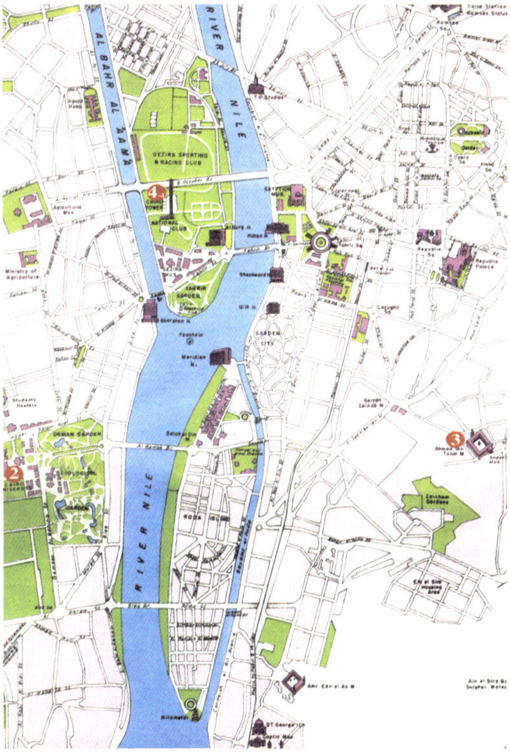

开罗城图

开罗吉萨金字塔群

此片拟体现主题、环境、宽阔、深远、光线、色彩等要点的“大漠落日，壮丽塔影”之意境

细部。透过光影和人物的对比，体现巨大的石块和塔的壮阔

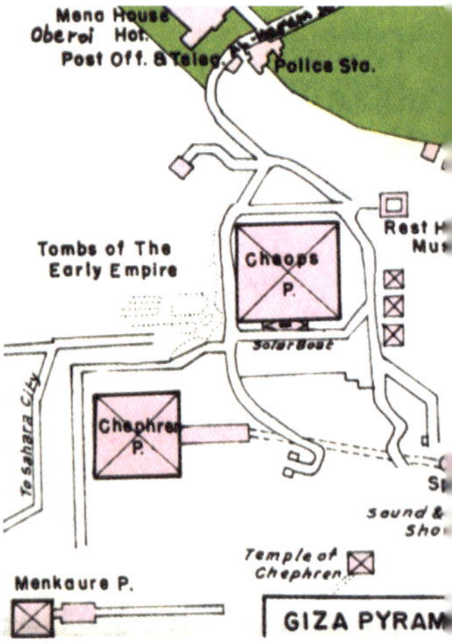

金字塔平面图

斯芬克斯前身。这个局部系用望远镜头拍摄的，运用光影和白云衬托面部阴影处，体现像的立体感和层次。传说面部鼻子的残破处，是1798年法国拿破仑打入埃及时用大炮轰掉的

此片是1985年1月下旬国际建筑师协会（UIA）第15届大会结束后在此举办音乐晚会时拍摄的夜景。由此给我的启示是，于著名古迹范围内在保证安全条件下，可以搞音乐、戏剧演出活动，能够获得特殊的感受，并能给古迹增加新的活力。这一夜间景物是静止的，采用小光圈，长时间曝光，效果清晰

此地每日吸引许多来自世界各国的游客。通过人物体现现场氛围

实例2 开罗大学

位于开罗西南部、尼罗河西岸，周围是大片花园绿地和科研、文教机构，环境优美。介绍此处，主要是因为1985年1月20～29日在这里举行国际建筑师协会(简称国际建协)第15届大会和第16届代表大会。以清华大学教授吴良镛、中国建筑科学研究院总工程师何广乾、著名建筑师王天锡和我组成的中国建筑代表团4人，参加了这次大会和代表大会。这次大会讨论的主题是“建筑师现在和将来的使命”。我国吴良镛教授代表亚洲大区作了题为“亚洲简况与中国近几年建筑事业”的报告，得到了与会者的好评。在开幕式上，国际建协主席德·拉·霍兹(De La Hoz)向埃及著名建筑师哈桑·法赛(Hassan Fathy)颁发了国际建协金质奖，博得了与会代表们的热烈掌声。这位著名建筑师的贡献是，建筑师要为广大群众服务，著有《为穷人服务的建筑》一书，并在埃及卢克索(luxor)等地区，积极利用并改进发展地方传统技术，建造了既实用、经济，又富有极高艺术性的穷人住宅区。国际建协的这一引导方向是正确的，使我感到建筑师的社会责任是重大的，要搞好为弱势群体服务的建筑。这次代表大会的最后一项议程是，竞选第17届大会、第18届代表大会的会址，中国第一次参加了这一竞选，虽然未被选上，但为8年后获得1999年在中国北京召开国际建协第20届大会和第21届代表大会的举办权奠定了基础。

开罗大学礼堂前。在这里召开了国际建筑师协会第15届大会和第16届代表大会。此片注意了环境与光线

国际建筑师协会第15届大会开幕式

实例3 开罗吐仑（Tulun）清真寺

位于开罗尼罗河东岸旧市区内，建于公元826～879年，是开罗现存最古老的清真寺，它代表着阿拉伯人占领埃及后逐步建立伊斯兰文化。整体布局为合院式空间，大殿里有5列柱墩，柱墩之间以尖券连接，院中立有洗礼堂，四周高大柱廊简洁端庄，体现了初期清真寺的特点。

从大殿望洗礼堂。以侧面光体现空间层次

合院式空间。以光影表现合院中的两个重要建筑

柱廊。注意柱廊垂直稳定，以表现其宏伟壮观

实例4 开罗市中心区

此处反映出开罗市中心区的新面貌。从建筑文化来看，开罗市中心沿尼罗河两岸间隔地修建一些高层建筑，有节奏变化，效果尚好；我们应避免滨河岸高楼林立，拥塞混乱。从摄影方面讲，要想拍摄到宽阔、深远的城市景观，必须找一个城市的高视点，登上高塔、高层建筑等去俯瞰。这里介绍的俯视照片是从开罗市中心区尼罗河中岛上开罗塔(Cairo Tower)顶上拍摄的，但时间不理想；如果在能见度高的清晨或黄昏前来拍照，可获得艺术性强的效果。

若想知道开罗历史发展情况，可参阅《建筑学报》1885年12期上刊登的笔者撰写的《开罗城的历史与现代化建设》一文。

开罗塔

逆光南望开罗市中心区剪影

俯瞰开罗市北部，右边桥旁高层建筑为Ramses Hilton旅馆

俯视开罗市东部，后面为旧城区

实例5 卢克索卡纳克阿蒙太阳神庙

要想了解更多的埃及古文化，除开罗外，还要沿尼罗河到上埃及去考察，我们专程到卢克索(Luxor)访问，卢克索城就是古时的大城市底比斯(Thebes)，是古埃及中王朝和新王朝的都城。现卢克索尼罗河东岸保存着峡谷里的陵墓等古迹，在尼罗河西岸市区的东西两面保存着卢克索阿蒙和卢克索卡纳克(Karnak)阿蒙(Amon)太阳神庙。1924年美国芝加哥之家组织在这里整理恢复神庙壮丽的石雕彩绘，费尔博士等在此工作了几十年。阿蒙本是中埃及赫蒙的地方神，于公元前1991年传至底比斯成为法老的佑护神，又与太阳神瑞融为一体，称阿蒙—瑞为国神，卡纳克阿蒙太阳神庙建于公元前14世纪，是埃及最为壮观的神庙。该神庙规模大，布局对称，有明确的中轴线，将入口、前院、列柱大厅、后院串联起来，空间层次分明，创造出神圣的气氛。

前院立有拉美西斯二世(Ramses II)雕像，后院立有方尖碑。中间列柱大厅是神庙的核心建筑，由16列共134根高大密集的石柱组成，列柱上刻有象形文字、

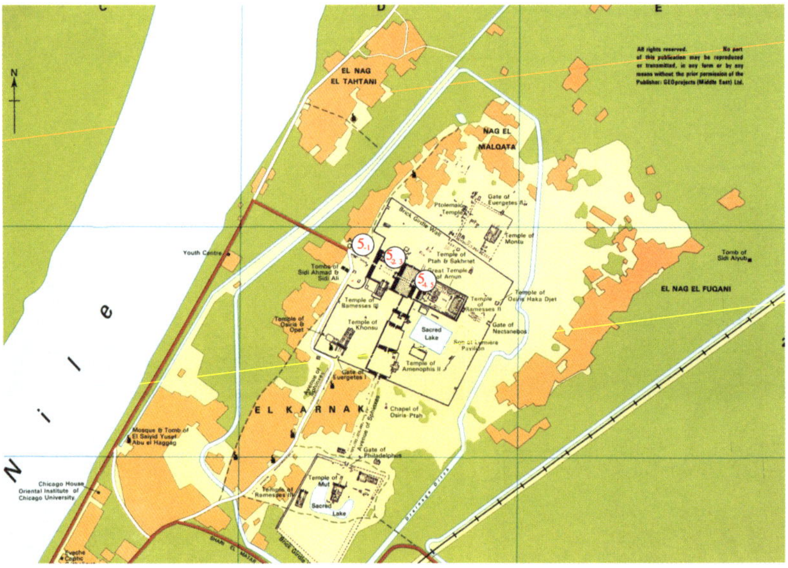

太阳神庙总平面图

1 入口门楼前，左边为神庙中轴线

2 列柱大厅前

太阳神故事和帝王功绩，中间两列12根圆柱，高20.4m，直径3.57m，上面的大梁长9.21m，重达65t。我们参观到这里，当时惊叹的心情，至今记忆犹新，它是继开罗金字塔后建成的又一雄伟建筑，再次体现了古埃及高超的起重运输与建造技术，并体现着象征性建筑艺术已转向内部院落空间序列组织的发展。

3 前院拉美西斯二世雕像，腿部为王后像

4 仰视中间列柱顶部

5 侧面列柱

实例6 埃及亚历山大城（Alexandria）

亚历山大城是埃及的最大海港，全国的90%进出口物资经此港吞吐。这里气候温和，是地中海沿岸的避暑胜地。它是历史名城，公元前332年，希腊马其顿国王亚历山大一世统治此地时建城，以其名定为该城名。公元前305～前30年是埃及托勒密王朝首都。公元前48年，罗马凯撒占据亚历山大，烧毁了大量珍贵的文物建筑。这个城市沿海岸呈带形布局，东西长30km，南北窄，最窄处仅有2km，北面是浩瀚的大海。城西部港口建有被称为古代七大奇观的“灯塔”，此塔于公元1326年被大地震所毁，公元1477年在灯塔倒塌处建一城堡，纳赛尔时期将城堡改为埃及航海博物馆。在城西南塞拉皮姆寺废墟山坡上，耸立着一根高25m、直径2m多的巨大整石柱——庞贝柱，它是亚历山大城保存得最完好的古迹，此物为托勒密王朝时期遗物，系为纪念罗马皇帝迪奥克列亭在此赈济灾民而立，后误传称为庞贝柱。沿海绵延30km的沙滩和滨海大道最能代表此城的特色。

庞贝柱

西部埃及航海博物馆

东部滨海新建筑

(二) 伊拉克

约公元前3000年形成各城市国家，约公元前1830年古巴比伦王国成立，约公元前1100年成立亚述帝国，公元前625年新巴比伦独立，新巴比伦王尼布甲尼撒二世发展了巴比伦城并建造了“空中花园”，该园成为古代世界七大奇迹之一。

实例7 巴比伦（Babylon）城

它是世界著名古城遗址，位于伊拉克首都巴格达南90km幼发拉底河右岸处。约公元前1830年古巴比伦王国成立，在此建都，其间汉穆拉比国王(约公元前1792～前1750年)领导制定出具有历史意义的世界上第一部法典——《汉穆拉比法典》，以法治国，正文282条，刻于石碑上，该原件现存巴黎卢佛尔宫博物馆。公元前604～前 562年国王尼布甲尼撒时期，巴比伦城规模宏伟，建筑壮丽，有三道城墙环绕，现仿建的伊什塔尔门局部，外贴琉璃砖，以砖组成公牛及其他四条腿走兽的图案，色彩典雅亮丽，历史说明这里两河流域是琉璃砖的发明地；于城北面宫内，尼布甲尼撒为其妻子谢米拉密得建造了被誉为古代七大奇观之一的“空中花园”，此园为多层露天平台，在露天四周种植花木，整体外形恰似悬空，故称“空中花园”(Hanging Garden)，现仅存遗址，但它对于我们今天的悬空绿地建设仍有启示的价值；于城中还建有高91m的7层塔庙，《圣经》中的故事对此都有描述；现在北面故宫遗址中立有一座雄狮足踏一人的巨石雕塑，这就是著名的巴比伦雄狮，它是巴比伦的象征。公元前539年后，巴比伦城被波斯人占领，公元前4世纪末城市逐渐衰落，至公元2世纪变成废墟。

1985年我们来到这座古城遗址，看到了正在加紧修复遗址的情景；还参观了以仿建一座城门为入口的博物馆，馆内展出了巴比伦古城复原的模型，甚为壮观，还有一件意义重大的刻有《汉穆拉比法典》的石碑复制品。在此现场给我的启示是，世界四大文明古国的历史文物需要特别珍惜和保存，此四处都是沿河域发展的，沿尼罗河发展的埃及、沿两河流域发展的巴比伦、沿印度河恒河发展的印度，其传统历史文明都中断过，唯有沿黄河长江发展的中国，其历史文明从未中断过，因而中国人应格外重视中华文化的继承和发展。

在此遗址的摄影，着重以光影反映出主题的特点。

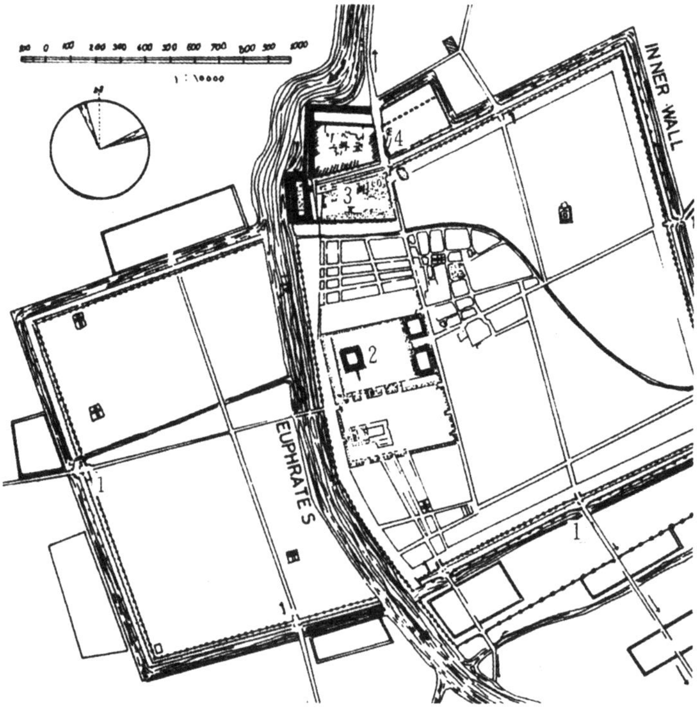

1城门 2塔 3南宫 4 伊什塔尔门

巴比伦城平面图

现立于城北部故宫遗址内的巴比伦雄狮

仿建的伊什塔尔门前部

城门四周贴以装饰的彩色琉璃砖

博物馆内展出的古城模型，左部为塔庙

已修复的遗址局部

(三) 希腊

希腊于公元前5世纪兴盛起来，哲学思想家、文人和市民的民主精神兴起，各地大兴土木。著名的雅典卫城就是在这个世纪建成的，它祭奉雅典守护神雅典娜，具有神园的风格。此时，住宅庭院得到发展，其特征是周围柱廊中庭式庭院，后罗马采用了这种样式，因有两千年前庞贝城此类住宅的实物，故在庞贝城实例中介绍。希腊雅典人喜欢群众活动生活，建筑与聚会广场、体育比赛场所结合起来，他们在这里聚会、比赛、交换意见、辩论是非。

实例8 雅典卫城

雅典是希腊的首都，雅典作为著名古都，卫城是其重要标志。雅典卫城位于城中心一个高出地面约70～80m的陡峭高台上，重建完成于公元前430年前后，是为纪念波希战争希腊取得反侵略胜利而建，它成为希腊的宗教和文化中心。其主题是雅典娜胜利女神庙，雅典娜是希腊神话中智慧与战争女神，她与海神波塞冬争夺雅典保护权取胜，成为雅典保护神。卫城东西长约280m，南北最宽处130m，从西端上下山，主要建筑偏于西、北、南三面，建筑布局依地势自由活泼，人们从西南角登山，这里右边矗立一堵高的基墙，当时墙北面挂满波希战争中的战利品，沿基墙转弯进入山门，面对着雅典娜镀金铜像(已毁)，该像是整组建筑群的构图中心，走过雕像在右前方可看到主体建筑帕提农神庙的列柱和连续浮雕之外观，但需左转先观看建于不同高度地面的伊瑞克提翁庙，再前行右转，来到帕提农神庙东面正门，进入纪念守护神雅典娜的圣堂中。每年祭祀一次，每四年举行一次大型庆典，前往祭祀的人群，就是按前述路线行进的，典礼之后，人们载歌载舞，欢度节日。

卫城的主体建筑是帕提农神庙，是守护神雅典娜之庙，公元前438年竣工，它突出在卫城的最高处，采用围廊式，周围列柱为46根最大的多立克式，柱高10.43m，底径1.905m，比例匀称，刚健有力。东西两面山花墙上和周围92块垄间板雕刻着雅典娜的故事和希腊战胜各种敌人的故事，以唤起希腊雅典人的勇敢精神和自豪感。建筑石材全部采用雅典附近的蓬泰利克大理石，洁白晶莹，配以镀金铜门、彩色雕饰，辉煌端庄，它代表了古希腊多立克柱式石材建筑的最高成就。此建筑的艺术布局、符合人的比例尺度、象征性的艺术感染力、细部的精美等都说明了它是一座古典建筑的优秀实例，值得我们关注。

伊瑞克提翁庙，传说伊瑞克提翁是雅典的始祖，此庙廊柱系爱奥尼式，建于公元前421～前406年，建筑成功地横跨南北向的断坎上，按照起伏的地形，运用不对称的手法，满足了功能需要。为了接引从帕提农神庙西北角走过来的仪典队伍或上山过雅典娜神像前行的人群，在其南面角上布置一个女郎柱廊，面阔三间，进深两间，站立着6个2.1m高的女郎雕像柱子。秀丽的女郎充分表现了爱奥尼柱式的性格，使该庙与其南边壮美的多立克柱式的帕提农神庙，形成了鲜明的对比。这一艺术手法亦值得我们学习。在卫城高台南端的角下，建有露天剧场。1993年9月25日晚世界著名音乐演奏家雅尼(Yanni)在此举办了雅尼音乐会，获得了成功，这再一次证明了在古建筑群中开展音乐、戏剧演出活动，可以取得特殊的效果。

建在高地上的帕提农神庙

1985年2月初，我们在中国驻希腊大使馆官员的帮助下，专门来到雅典卫城参观。这时希腊政府正在组织专家重修帕提农神庙和伊瑞克提翁庙，所拍照片部分带有脚手架。这组照片，注意运用光影表现主题、环境。

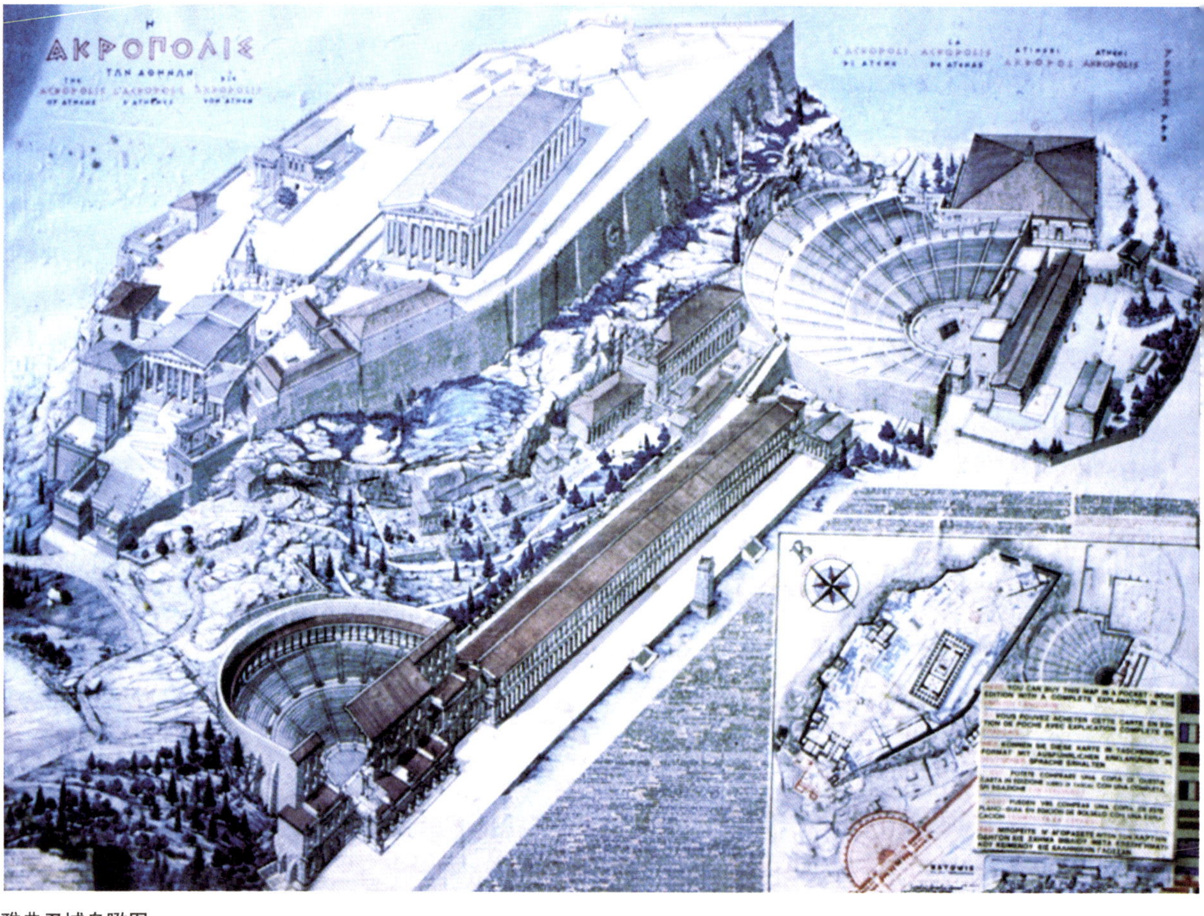

雅典卫城鸟瞰图

建在断坎上的伊瑞克提翁庙西面

秀丽的女郎柱廊

卫城露天剧场

(四) 意大利

古罗马帝国于公元前200年左右在地中海沿岸占据主导地位。罗马城为古罗马帝国首都，19世纪末至今为意大利首都。它是欧洲古老的城市，人口近300万，面积200多平方公里。相传希腊攻破特洛伊城后，特洛伊王子逃到意大利，王位传至里亚·西尔维娅时，被叔父所篡，新国王害死西尔维娅，并将其二子装筐内投入台伯河，后遇救，被一母狼哺育养大，其中一子罗莫洛在台伯河畔建城，罗马即从罗莫洛演变而来的，现罗马城徽是母狼育婴图案，亦是由此故事引来。公元前30～公元476年为古罗马帝国首都，公元756～1870年为教皇国的首都，1870年意大利王国统一后成为意大利首都。第二次世界大战后，城市发展，在老罗马城南7km处另建新城，老罗马城变成一座巨型的历史博物城，这种做法取得了保护历史文化名城的极好效果，很有参考价值。

实例9 罗马中心广场(Raman Forum)

Forum是古罗马城中心公所、市场的广场建筑群，它位于罗马城巴拉丁山和卡比多利山山脚下，是在公元前后几个世纪形成的，是罗马奴隶制下共和与帝制时期的政治、经济、文化活动的中心，在这里布置有政府机构、元老院、作为法庭与会议厅使用的巴西利卡(Basilica)、庙宇、商业市场、金融钱庄等。初期布局散乱，至共和末期修建凯撒广场，有明确的轴线和有序的空间组合，之后添建的奥古斯都广场、图拉真广场，更加体现了帝制的威严，不仅轴线对称，且作纵深多层次的空间布局。这组中心广场建筑群的遗迹，现完整地保护着，它给我们的感受是，此遗迹实物确切地见证了罗马城的发展史，我国杭州的南宋皇城区，北京的辽、金都城区，南京明故宫区等，都应格外重视对它的保护和整理。拍摄照片时注意选择不同的主题和环境，遇到高柱时采用PC镜头。

罗马城图

恺撒广场

图拉真集贸市场

赛维鲁斯（Severus）凯旋门

实例10 罗马大斗兽场（Colosseum）

它是为人所知最著名的大型建筑，是专为观看角斗而建，公元72年始建，公元80年完工，为椭圆形，长轴188m，短轴156m，立面高48.5m，分为4层，下三层各80间券柱式透空墙，第四层为实墙，结构稳定，功能使用合理，适合人流均匀聚散，叠柱式的水平分割加强了它的整体感。外观宏伟、有力、完整，是一座结构、功能、形式统一和谐的建筑，它代表了当时罗马券柱式建筑的最高成就。至今，世界各地的体育建筑基本上还保持着这一形制。拍摄时注意光影和采用PC镜头，以体现其壮丽的造型。

外景

内景

实例11 罗马万神庙（Pantheon）

它建于公元120～124年，是罗马穹顶结构技术的最高成就，系圆形，为两个43.3m，即穹顶直径43.3m和顶高43.3m。穹顶和墙体所用材料为天然混凝土和砖，穹顶分层发券砌筑，下厚上薄，墙体内沿周围亦发券，以便做成壁龛和大门，外墙划分为3层，第3层包住穹顶下部，使结构安全。穹顶象征天宇，顶中间开一直径8.9m的圆洞，其意是天人沟通联系，从圆洞射入室内的柔和光线，体现出神秘宁静的宗教气息。穹顶分层分格装饰，以求与下部墙体分格形式的协调统一，这是以类似而不是以对比求协调。这又是一座结构、功能、艺术结合统一的优秀建筑实例，其设计创造精神值得我们思考。参观时未带上超广角镜头，只能拍下体现建筑特点的局部内部空间。

室内

外景

实例12 罗马图拉真纪功柱（Column of Trajan）等

位于罗马图拉真广场后面的一个29m×16m的院内，建于公元109～113年间，为罗马多立克式独立柱，柱高29.55m，底径3.70m，连基座总高35.27m，柱身材料为白色大理石，内部空心，设185磴石级盘旋而上，人可登上柱顶。柱身为螺旋形200m长的浮雕带，刻着图拉真远征达奇亚的功绩，柱头上站立图拉真像，由于院小柱高，使人仰视对帝王产生崇敬之感。

于公元176～193年在考叟(Corso)街旁的一个罗马市民、政治人物集会的广场中建起一座同图拉真柱一模一样的奥瑞里俄斯纪功柱，总高42m，柱身刻有皇帝的军事功绩。此后，这种独立单棵纪念柱形式流行在欧洲。在此不大院落中拍摄高柱，只有选用PC镜头方可得到端庄的全柱照片。

图拉真纪功柱

奥瑞里俄斯纪功柱（Column of Marcus Aurelius）

实例13 罗马君士坦丁凯旋门（Arch of Constantine）

凯旋门是为炫耀战争胜利的纪念建筑，立面为方形，多为三开间券柱式，中间券洞高大，两侧小、矮，基座和女儿墙都较高，墙面刻有浮雕，女儿墙上部分刻着铭文，文字与浮雕的内容都是记录着皇帝战争的军事功绩。君士坦丁凯旋门于公元312年建于大斗兽场旁，其修复是在18世纪，从1804年起，至今看到的就是这个模样。修复时是将其他罗马古代的纪念装饰品移至此处，中间券部分是君士坦丁的功绩，其他处包括其他皇帝图拉真、奥瑞里俄斯等的功绩。前述罗马中心广场遗址里，还保存着公元204年建造的赛维鲁斯凯旋门(Arch of Septimius Severus)和公元81年修建的一个开间的替度斯凯旋门(Arch of Titus)，但这两座门都没有君士坦丁凯旋门修复得完整。

君士坦丁凯旋门

实例14 罗马圣彼得大教堂

它是世界上最大的天主教堂，建于公元1506～1626年，历时120年，经过创新与保守势力的斗争，使创新方案未得到全部实现，但仍保留着集中式穹顶的创新特点，体现了文艺复兴时期的创造活力和建筑发展的新成就。

此教堂设计，经过竞赛，1505年选中伯拉孟特集中式形制方案，1506年按照这一方案动工。1514年伯拉孟特去世，新教皇任命拉斐尔修改方案为拉丁十字形。后委托米开朗琪罗主持这项工程，这位大师凭借他的声望，摒弃了拉丁十字形制，恢复了伯拉孟特集中式方案，并突出中心穹顶空间，以体现其雄伟壮丽，加大了支承穹顶的四个墩子，简化了四角布局，穹顶直径41.9m，接近万神庙，但高度高出万神庙3倍，内部顶点高123.4m，外部顶尖高138m，是罗马全城的最高点。1564年米开朗琪罗逝世后，由维尼奥拉在四角上各加一个小穹顶，以利采光通风。1606年在保守势力压力下，拆除已动工的米开朗琪罗设计的正立面，加上了三跨大厅，破坏了集中式特点和内部空间、外部造型的完整性，在教堂前看不到完整的穹顶。

教堂前面的广场是由一个梯形加一个椭圆形组成，长轴198m的椭圆形广场中心竖立一座方尖碑，其两侧各设一喷泉，广场四周的围廊柱共284根，柱高19m，很有气势，广场地面向教堂逐渐升高，使这组建筑显得格外壮观，仍不愧是意大利文艺复兴时期的一个代表作品。

进入广场望教堂正面

从顶部望室外广场与城市景观

室内著名雕像《The Pietà》，是米开朗琪罗仅25岁时的创作

高大的室内穹顶空间

广场全景透视，左面为圣阿涅斯教堂

实例15 罗马纳沃那广场（Piazza Navona）

于17世纪巴洛克式(Baroque)到来时期，建于Scrofa街顶端，此广场原是古罗马的一个赛车场，故呈长条方圆形，在广场长边中间建有圣阿涅斯教堂(S.Agnnes，1652～1657年)，为波洛米尼(Boromini)设计，两侧钟塔夹着后退高耸的穹顶，有丰富的轮廓变化，广场长轴中心立有底座是“四河喷泉”的方尖碑，系伯尼尼(Bernini)设计，长轴两端还各布置一个雕塑喷泉，雕塑形象动态感强，生动活泼，建筑、雕塑、喷泉、人群构成了一个生机盎然的广场空间。这个广场离开了城市汽车交通，是人们休闲散步的安全场所。历史文化名城就应多保留、布置这样的人行的活动之地。拍摄这一广场时选用PC镜头，体现其主体空间和巴洛克式雕塑的基本特点。

广场南边的“摩尔人”雕塑喷泉

“四河喷泉”方尖碑

广场北边的雕塑喷泉

实例16 罗马西班牙广场（Piazza Spagna）

这又是一个17世纪罗马巴洛克式城市设计的好作品。它是将台地上的“三一教堂”和台地下城市街道连接一起的大台阶广场，是人们在此休闲活动的场所。广场由一轴线贯穿，从上至下为“三一教堂”、方尖碑、布满鲜花的大台阶、名为老船(old Boat)的喷泉水池、城市支路，据说此处的喷泉水池是伯尼尼设计的，轴线对着的支路现为意大利时装街。1995年5月初我们从山丘上散步到“三一教堂”，绕过方尖碑，缓步走下散发着花香的大台阶，映入眼帘的是清澈透底、中心放一石船的喷泉池，游人们在这里席地而坐，欢笑交谈，极富悠闲的生活气息。这时我换上PC镜头，拍下人物活动与广场轴线布局的照片。

沿城市支路直望广场与“三一教堂”。

从“三一教堂”前向下俯视广场。

从喷泉池前往上望"三一教堂"

实例17 罗马特雷维喷泉（Trevi Fountain）

于1762年建成在Corso大街东侧。因三条路交会在此处，故依此意取为特雷维(Trevi)。罗马城内多喷泉和古水道，全市有3000多个喷泉，这里是最大的一个喷泉，所以又称大喷泉。喷泉中央立着海神像，两侧壁龛内立有象征安乐和富饶的女神，喷泉水花飞溅，池水碧绿清澈，有人将其叫作贞洁水(Virgin Water)。这是一组建筑、雕塑、喷泉融为一体的优秀作品，每天游人络绎不绝。拍摄时注意三者结合为一体的特点。

建筑、雕塑、喷泉融为一体。

从侧面望全景。

实例18 埃马努埃尔二世纪念碑（Monument to Victor Emanuele Ⅱ）

于1885年开始至1911年建成在卡比多山的北坡，是为纪念意大利独立统一而营造的。其规模宏大，面宽135.1m，高70.2m，主体是在高台基上布置列柱廊，柱高11m，全部采用白色大理石贴面。中央大台阶部分为无名战士墓，并象征着祖国的祭坛。在它们的上方高基座上立着意大利开国国王埃马努埃尔二世(Vittorio Emanuele Ⅱ)的骑马青铜镀金像，像高宽各12m，在前面台阶两侧立有两组青铜镀金群雕，左面寓意思想(Thought)，右面代表行动(Action)。这个建筑是世界上最宏伟的纪念碑之一，因建筑高大壮观，在罗马许多处都能看到它，但其风格与周围建筑不够协调。在此拍照，采用低视点、PC镜头，以体现其壮观的效果。

外景全貌

实例19 佛罗伦萨中心西尼奥列广场

佛罗伦萨(Florence)在意大利语中意思是鲜花之城，它是古罗马时期的军事要塞，1434～1494年美狄奇家族统治时期，成为欧洲最大的工商业与金融中心，资本主义萌芽在这里最早出现，因而新文化、新思想的文艺复兴曙光在此地升起，成为文艺复兴的发源地，现全市有40多所博物馆和美术馆，60多所宫殿，还有许多大小教堂，因而有“西方雅典”之称。

佛罗伦萨市中心西尼奥列广场，其主体建筑是建于13世纪的碉堡式旧宫，在雉堞式檐口上矗立着高95m的塔楼，极具中世纪庄严坚固城堡的特点，这座旧宫现为市政大厅。旧宫侧翼走廊连同整个广场已成为一座露天雕塑博物馆。广场中心位置立有海神喷泉，栩栩传神。拍摄时选用PC镜头，突出其坚挺的特征。

由阿尔诺河旁通往旧宫的步行街

佛罗伦萨城中心区图。灰色路为步行街

立于中心广场的海神雕像

庄严坚固城堡式旧宫

实例20 佛罗伦萨乔托钟楼

位置在圣·玛丽亚大教堂旁，建于公元14世纪，是现实主义艺术奠基人乔托的杰作，高84m，是用各色大理石砌成，创造出晶莹高雅、庄重肃穆的风格，游人可登上楼顶，观赏佛罗伦萨古城的风貌。因已介绍圣彼得大教堂，故这里不再分析圣·玛丽亚大教堂。拍照仍用PC镜头，以表现其挺拔、庄重、高雅的风格。

该钟楼和西尼奥列广场以及下面的旧桥区域，都避开了城市汽车交通，是人们步行的活动街区和广场。它给我们的启示是，在历史文化名城内，要系统地安排人行街区，使游人和市民能够生活在安全、欢乐、不受污染的文化空间里。

乔托设计的钟楼

实例21 佛罗伦萨旧桥

阿尔诺河横贯佛罗伦萨市，河上有一座最为特殊的石桥，做成桥廊式，除具有过河的交通功能外，其上的建筑物还具有人们活动的用途，它就是闻名的旧桥。相传文艺复兴的先驱、诗人但丁和他终身热恋的贝娅特丽齐就在此桥相遇。该桥两端连接两座著名的乌菲齐和彼蒂美术博物馆，馆内珍藏着意大利的绘画和其他艺术精品。旧桥的外观古色古香，加上它的历史故事和周围环境已成为该市的一景。拍摄此处，重视环境和人物。

桥廊式的著名“旧桥”

实例22 威尼斯圣马可广场

威尼斯是世界上有名的水乡城市，圣马可广场是威尼斯最大的广场，也是世界上最著名的广场之一，获得了“欧洲最漂亮的客厅”的美誉。它基本上是在文艺复兴时期扩建、修改完成的，16世纪珊索维诺做了较多的规划设计工作。

威尼斯城图

圣马可广场由大、小两个广场组合而成，大广场东西向，连接大广场和海面的小广场南北向。大广场为梯形，长175m，东面宽90m，布置着主体建筑圣马可大教堂，西边宽56m，经改扩建，西、南、北三面为连成一体的新旧市政大厦；小广场同样为梯形，东面是紧挨圣马可大教堂的总督府，西边是连接新市政大厦的图书馆，南边海口处有一对从君士坦丁堡搬来的石柱，海中建有圣乔治教堂和尖塔的小岛成其对景，回首北望是圣马可大教堂和高100m的钟塔，这两座对比强烈的主体建筑起着既分隔亦连接大小广场的作用。

从广场东北角钟楼下拱门望圣马可大教堂

整个广场的周围建筑是券廊式、水平线条划分的三层模样，以此为衬托，突出了装饰华丽的圣马可大教堂和简洁高耸的钟塔。这个世界著名广场的规划建设，使我感悟到：优秀建筑群的形成往往需要一定的时间，有的是经过不断地修整改进而后完美的；其艺术性在于整体的统一和谐，在基调一致的烘托下突出主体建筑；建筑群中若能建有一个制高点最为理想，它既可控制全局，又可供人们眺望全景。我曾两次来到这个广场，一次是有微弱的阳光，另一次则遇到蒙蒙细雨，因而在有微弱的阳光拍照时，注意反映主题建筑的细部；在细雨过后时，注意反映地面反影的环境特点。

广场东面的圣马可大教堂和总督府

小广场，从北向南望

大广场，从西向东望

钟楼(左)、圣马可大教堂前鸽群

实例23 威尼斯水乡风貌

威尼斯本岛中心贯穿着一条S形的大运河，可乘船从西北方向沿大运河到达圣马可中心广场。以这条大运河为主干，分流出成网的中小河道，全市交通由不宽的道路网和水道网交织组成，道路网供步行，水道网走船只，岛内无汽车交通，非常安全环保。沿大运河伸进的中小河道，分为三种类型：①河道一旁有路；②河道两旁有路；③河道旁无路，建筑立于河道两边。在河道中行驶着两头翘起的小艇，名为“冈朵拉”，小艇轻捷穿梭，构成具有威尼斯独特风格的画面。拍摄时，注意选择不同类型的水道和迷人的大运河夜色景观。

1 河道一旁有路的 S.Felice 河道景色

2 靠近圣可马广场小河道黄昏景色

3 两旁有路的西北部大运河夜景

4 两边无路的水乡风貌

实例24 庞贝（Pompeii）古城公共建筑

庞贝古城位于意大利南部靠近那不勒斯海湾，离维苏威火山南麓约2km，原建于公元前8世纪，于公元79年8月24日因维苏威火山爆发被埋毁，18世纪开始被挖掘出，经过200多年的不断发掘，至1960年完成。庞贝城呈一树叶状，建在一个椭圆形台地上，约63hm²，有3km长的城墙环绕，城墙里布置纵横各两条大街，形成“井”字状，这“井”字将城内分为9个地区，各地区由小街巷有序地划分成长方形或方形地块，在这整齐的地块内包括：城西南长方形广场周围的建筑群，广场长轴北端为丘比特神庙（Temple of Jupiter），广场中部西面为阿波罗神庙（Temple of Apollo），广场南端西面是巴西利卡（Basilica），24m×55m，它是城中最古老的重要建筑，建于公元前120～前78年，起初是作市场使用，后作法庭，建筑中心是一围廊列柱式庭院，柱高10m，直径1.1m，共28根科林斯.式列柱，十分美丽，长轴顶端设有法官席（Tribunal）。广场长轴南端为市政厅。这一中心广场周围集中了政府、法庭和庙宇建筑，是全城政治、宗教、经济的活动中心。在南北向主要街道Via Distabia北部设有中心的公共浴室，系使用锅炉烧水，将温、热水输送到男女部浴室，并能把蒸汽送到墙中和地下，以保持浴室的温度。沿此主干道Via Distabia南行，在与东西主要街道交叉口处，还设有公共浴室和健身运动活动中心，在其浴室西边，布置有健身设施与室外运动场地。再沿此Via Distabia大街南行至顶端，便是以大剧场为主的娱乐活动中心。在城东南角，设有可容5000观众的圆形露天竞技场，它建成于公元前70年，在此竞技场西面还设有一个大的竞技场练习场地。从这些公共建筑可以看出，这里人们的公共活动开展得很广泛，这是受希腊人的影响。

我们能够来到庞贝古城是极其不易的，1995年4月下旬，正值意大利黑手党活跃之时，此地非常不安全，幸好在中国驻意大利大使馆新华社高级记者黄昌瑞先生的帮助下，由他亲自开车陪我们观看了这个富有历史价值的古城。历史实物比文字记载更具有可靠性，我们应格外重视。当时天气很好，阳光灿烂，我们拍摄时，着重以光影反映其主题与环境。

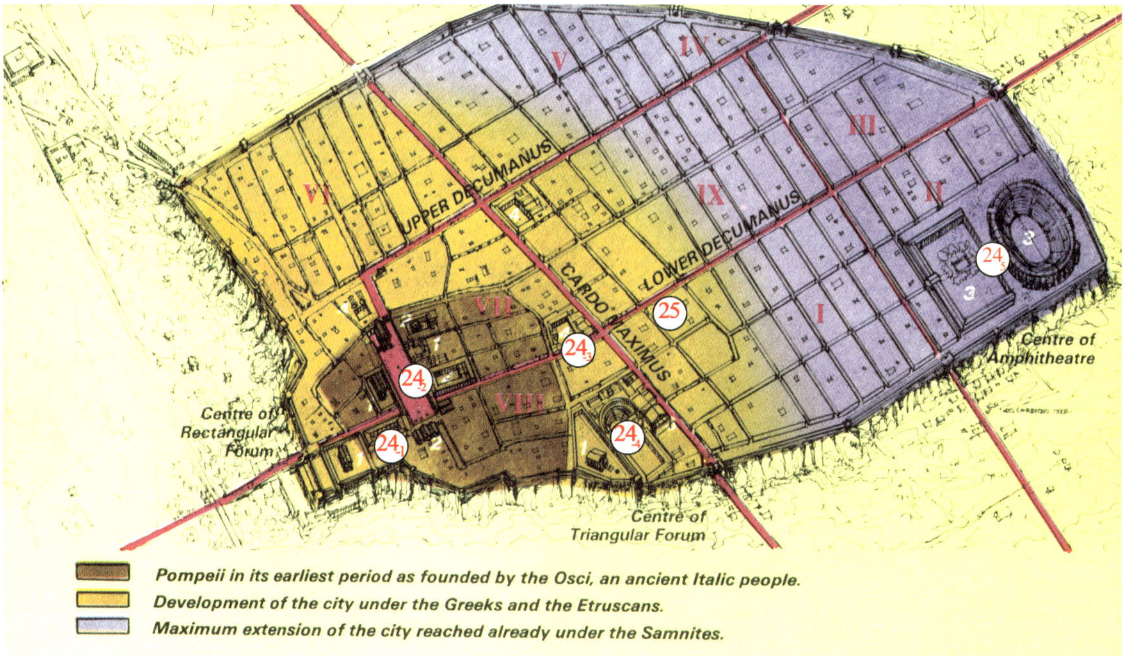

庞贝城图

1 中心广场的南端西面的巴西利卡

2 中心广场，远处为维苏威火山

3 公共浴室外的健身运动场地

4 大剧场

5 圆形露天竞技场

实例25 庞贝住宅区

住宅区十分规整，笔直的大街小巷组成方格网状，街巷的路面是用巨石铺成的，在街巷的路口可看到公共水槽，这是从城外引山泉水，通过砖石砌成的引水槽，流到公共水槽和富人住宅中，城内形成完整的供水系统。在住宅区街巷两旁，布置有生活需要的商店，使用方便。住宅为庭院式，一般住宅都有一个小庭院；较好的住宅为列柱围廊式(Peristyle)庭院，庭院有两种类型，一为水庭，中心为方形水池，设有喷泉，周围种以花草，另一种称装饰庭院，中间做成绿地花园；最高级的住宅是由多个庭院组成，有的还单独布置后花园，这些庭院称其为中庭(Atrium)。这种中庭式住宅源于希腊，它同中国院落式住宅是类似的，都具有通天接地的自然效果，这种效果是我们当今规划设计住宅区时所应追求的。

巨石路面的住宅区街巷

街巷路口的公共水槽

中庭式住宅

实例26 佛罗伦萨卡斯特洛别墅园（Villa Castello）

随着文艺复兴的发展，意大利园林的建设成为欧洲园林发展的中心，它影响周围地区，各地纷纷效仿它。意大利造园的特点是利用坡地造成不同高度的露台园，并将这些不同标高的台地联系成一整体，这是他们在造园方面的贡献。根据文艺复兴的初期、极盛、衰落三个时期，意大利的台地园也可分为简洁、丰富、装饰过分(巴洛克)三个阶段的三种特征。

卡斯特洛别墅园位于佛罗伦萨西北部，它是美狄奇(Pier Francesco de'Medici)家族的别墅园。初建于1537年，体现了初期简洁的特点，以此为例代表简洁型。它的具体特点有：

⑴台地园，建筑在南部低处，庭园位于建筑北面的平缓地上，在此坡地造成3层露台的台地园。一层为开阔的花坛喷泉雕像园，二层是柑橘、柠檬、洞穴园，三层是丛林大水池园；

⑵布局为规则式，庭园中心有一纵向中轴线，贯穿3层台地；

⑶典型的花木芳香园，带有精美的雕像喷泉、秘密喷泉、洞室和动物雕塑；

⑷大水池，在三层台地的中心部位，它是全园用水的水源，起水库的作用。

从三层台地向南俯视一、二层台地园

三层台地丛林

实例27 蒂沃利爱斯特别墅园（Villa D'Este）

该园位于罗马东面40km的蒂沃利（Tivoli）城，始建于1549年。它是意大利文艺复兴极盛时期最雄伟壮丽的一个别墅园。它的特点是：

⑴选址优美，在罗马东面远郊区，利用一块缓坡地，古柏树尖参天，在柏树后还可看到遗留的老城残墙，向西望的日落点正好是罗马。

⑵规模宏伟，占地面积大，为200m×265m。自1549年伊波利托·爱斯特（Ippolito D'Este）被教皇保罗三世指定为蒂沃利的地方官起，爱斯特决定在这里修建他的住宅花园。

⑶布局壮丽，纵向中轴线，从高处住宅往下一直贯穿全园，横向主要有三条轴线，居中的横轴与纵轴交叉处，设一精美的龙喷泉池，是全园的中心所在，在龙喷泉上面的横轴为百泉廊道，在龙喷泉后面的第三条横轴是水池，水池东端为著名的"水风琴"，总体布局，高低错落，整齐有序；

⑷水景为人赞赏，横向的百泉廊十分有名，它的上边形成绿色喷泉墙，每隔几英尺就有喷泉射出弧形水柱，此墙带有D'Este家族的标志，百泉廊东端的水剧场，为一半圆形水池，瀑布宽阔，此景观与"水风琴"、长条水池中高大喷泉水柱的水景同样壮观。

百泉廊

横轴水池喷泉

实例28 巴格内亚兰特别墅园（Villa Lante）

该园位于罗马西北面的巴格内亚(Bagnaia)村，初建于公元14世纪，16世纪完成。这个台地园是丰富阶段的代表实例，其特点是：

⑴台地完整，花园位于自然的山坡，创造了四层台地。最低一层呈方形，由花坛和水池雕塑喷泉组成，十分壮观，第二层平台呈扁长方形，种有梧桐树群，然后，通过奇妙的圆形喷泉池两边的台阶上到第三层平台，中间为长方形水池，两侧对称地布置种有树木的草坪，第四层台地是最上面的一层，宽度缩窄，为下面的1/3，在其纵向方面分为两部分，在低的部分的相当大的斜面上，做成连锁瀑布，贯穿中轴线，高的部分是平台，中心放一海豚喷泉，其后以半圆形洞穴结束，这四层台地，在空间大小、形状、种植、喷泉、水池等方面都是有节奏地变化着，并以中轴线将四层台地连成为一个和谐的整体。

⑵水系新巧，各层平台的喷泉流水，达到了极好的装饰效果。

⑶高架渠送水，全园用水是由别墅后山上引来的流水供应，是采用一条小型的22.5cm宽的高架渠输送。

⑷围有大片树林，在此园左侧成片坡地上栽植树木，形成大片树林，称之为Park，这是公园Park的来源，这一树林的作用是多方面的，改善气候，土水保持，还可衬托出花园主体。

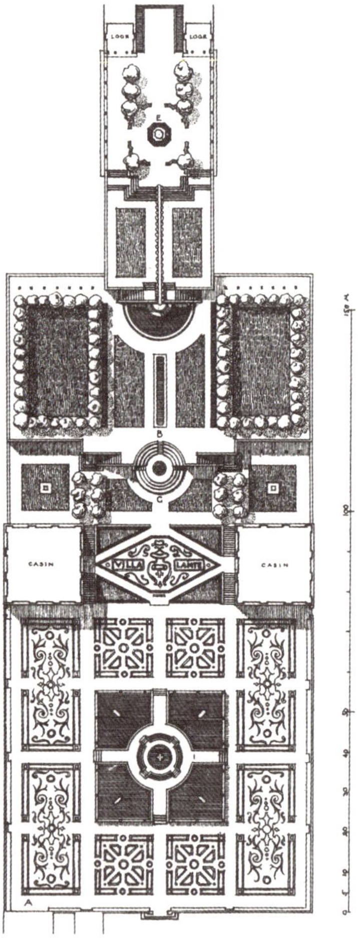

兰特别墅园平面图

四层平台前斜面连锁瀑布

从三层平台中轴线上俯视一、二层台地图

三、四层平台连接处的喷泉河神雕塑

实例29 马焦雷湖伊索拉·贝拉园 (Isola Bella)

该园在意大利最北端的马焦雷(Maggiore)湖中的一个岛上，对着斯特雷萨(Stresa)镇，系卡罗伯爵于1632年兴建，由其子在1671年完工。其名称取自卡罗伯爵母亲的姓名。它的特点有：

⑴水岛花园风貌，周围是青翠群山、如镜湖面，环境幽美，视野开阔，加上精巧的台地花园布置，使它具有传奇梦幻的色彩。

⑵层层台地，轮廓起伏，俯瞰仰视景色皆宜，从东面和南面都能登上安排有方形草地花坛的第一层台地面，通过八角形台阶可步入第二层台地，这里有两个长方形花坛，第三层台地是一个土岗，通过两边的台阶可登上建有水剧场的岗顶，这里是岛的最高点，可俯瞰广阔湖面的景色和壮观的山峦，从湖面上仰视这个岛上花园，层层的林木与台地建筑，有节奏地升起，格外动人。

⑶突出中轴线贯穿全园，尽管岛形

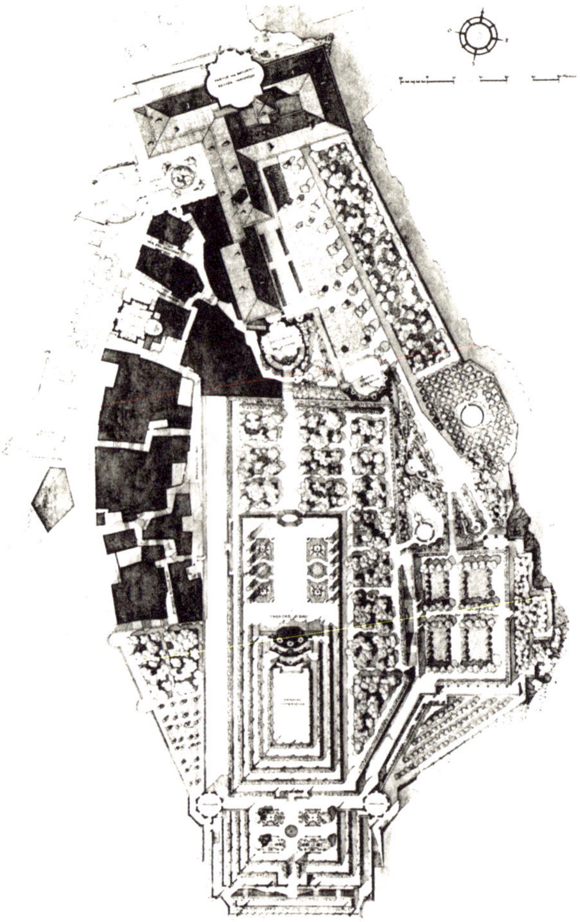

伊索拉·贝拉园平面图

北入口北望“烟雨湖岛疑仙境”景观

不规则，但长条形土岗的花园部分仍采用对称的布局方式，突出了纵向的中轴线，显得十分严整，别墅建筑在北面，东北面有一岛的入口，从环形码头登上，结合地形采用了遮障转轴手法，进入花园。

(4)装饰过分，中心水剧场栏杆、瓶饰、角上方尖碑、雕像、后面的两个六角亭等等，都装饰过多，是后期典型的巴洛克做法。

(5)水源来自湖水，在最高台座的下面设一巨大水池，将湖水泵入水池，再从这个水池供应全园和喷泉用水。

从南向北望水剧场高台

从水剧场向北望一、二层台地园

西入口西望“山色空蒙细雨奇”景观

实例30 佛罗伦萨波波里花园（Bobole garden）

该园建在佛罗伦萨西南隅，其名称来源于原土地所有者波波里家族的名字。原是彼蒂(Pitti)宫的庭园，1550年开始改建扩充而成，建筑与园林的装饰过于烦琐，是代表文艺复兴后期的一个规模很大的实例。具体特点有：

⑴以轴线串联全园景点，此园东西两端，各有一条纵向轴线，东端轴线将彼蒂宫与台地园串联起来，西端轴线为伊索娄托(lsolotto)平台园的中心部分。另有一条横向中轴线将东西纵向中轴线连接在一起，形成完整的花园。

⑵东部台地园层次丰富，即花园洞屋、露天剧场、尼普顿神(Neptune)塑像喷泉水池和最高处的雕像与观景平台花园。

⑶该园东西两部的花园，是靠一条东西向轴线大道联系起来，其作用十分重要，因而做成了高大柏树的绿荫大道，此大道东高西低，并未做成台地，而是以坡道连贯，突出了它的连接作用。

⑷西端布置伊索娄托平台园，形成全园的高潮，它是柠檬园，以大水池为中心，中间是一个椭圆形岛，岛中央立一海神(Oceanus)雕像，其基座周围刻有文字记载，说明1618年7月18日为纪念匈牙利国王出访而立，池中池边立有多种喷泉塑像，这些作品受到了巴洛克的影响，显得不够简洁。

从全园整体来看，建筑装饰、雕像装饰以及花坛的布置，都受到“巴洛克”(Barique)式的影响，其复杂、过多、矫揉之处不值今日借鉴。

东部尼普顿神塑像水池
和最高处平台雕像

西部伊索娄托平台园

(五) 法国

法国首都巴黎跨塞纳河两岸，市内分20个区，面积105km²，市郊周围有7个省，区和省为大巴黎，总面积1.23万km²，市区人口200多万，为法国第一大城市。巴黎是历史文化名城，有2000多年历史，最早是在塞纳河中西岱岛上建设居民点，岛上居民是巴黎西族，由此城市取名巴黎。公元486年，日耳曼法兰克人夺取塞纳河流域，至6世纪，法兰克王国定都巴黎。公元14世纪才成为法国政治、经济、文化中心。1789年7月14日，资产阶级革命，摧毁路易封建王朝。1871年3月28日工人阶级武装起义，建立人类历史上第一个无产阶级政权——巴黎公社。巴黎有很多世界著名的历史遗迹和建筑与艺术作品，是世界的一个重要文化中心。我有幸5次访问这座城市，对它比较了解，感悟也较多，最大的感受是，巴黎历史文化名城整体保护做得好。我曾于1982年12期《建筑学报》上发表文章，题为《从巴黎旧城规划谈起——北京旧城保护规划几个原则问题的探讨》，详细介绍了巴黎旧城关于"成片保护、分级处理"和"建筑密度、高度控制"等的规划建设理念与做法，并应邀将这些内容在全国政协和北京市规划局学术研讨会上作了报告；此期间中国建筑学会出面组织北京市规划专家与学者同巴黎市城市规划界高层人士，在法国巴黎和中国北京两地举办了关于历史文化都城保护的学术经验交流会，这些活动对于北京市旧城保护起了一定的作用，随后北京市政府出台了关于控制北京旧城建筑高度的红头文件，在20世纪80年代期间，北京市旧城保护是向好的趋势发展。但进入20世纪90年代和21世纪初，情况有所变化，拆除了大量的胡同街区，在城区内建了大量的高密度的大体量的现代建筑群，破坏了古都的原有风貌。近几年，在人文奥运的口号下，这种拆建风才有所收敛。今天，在这里再次提出巴黎旧城整体保护的好做法，我认为这一内容对于北京旧城的保护与发展仍有很大的启示作用。

实例31 巴黎圣母院

它是世界闻名的天主教堂，建于公元1163～1345年，坐落在巴黎市中心塞纳河中的西岱岛上，经战火破坏，后重建，1864年开放。它是一座典型的哥特式教堂，平面宽47m，长127m，内部大厅高32.5m，可容9000人进行宗教活动。哥特式教堂的结构特点是，采用骨架券作为拱顶的承重构件，使拱顶荷载集中到十字拱的四角，并使飞券落在侧廊外侧横向墙垛上，因此侧廊拱顶不承担中厅拱顶的侧推力，中厅可以开很大的侧高窗，尖券和尖拱的侧推力比较小，结构大为减轻，材料大量节省，同时形成了自己的轻巧风格。正外立面纵向分为三层，底层并排三个尖券门洞，三个门洞之上是一长条28个壁龛，为耶稣基督先祖28位帝王的雕像；中间一层的中间，是一圆形直径10m的玫瑰窗，是初建时的原物，它象征着天堂，再往上是一条雕花石柱将两边的塔楼连接为一体。13t重的大钟就是挂在这正厅顶部。当中高达90m的尖塔与前面一对塔楼成为人们视线的焦点。巴黎圣母院的闻名，不仅是因为它的建筑精美壮丽，法国作家雨果写了著名小说《巴黎圣母院》，还因为这里已形成了一个法国政治活动的中心，如1654年路易十四、1774年路易十六、1804年拿破仑都在此举行加冕大礼，1918年和1945年巴黎市民在这里欢庆两次世界大战的胜利。雨果形容巴黎圣母院是"巨大石头的交响乐"，它确实是法国巴黎建筑艺术史上的一颗闪亮的宝石。

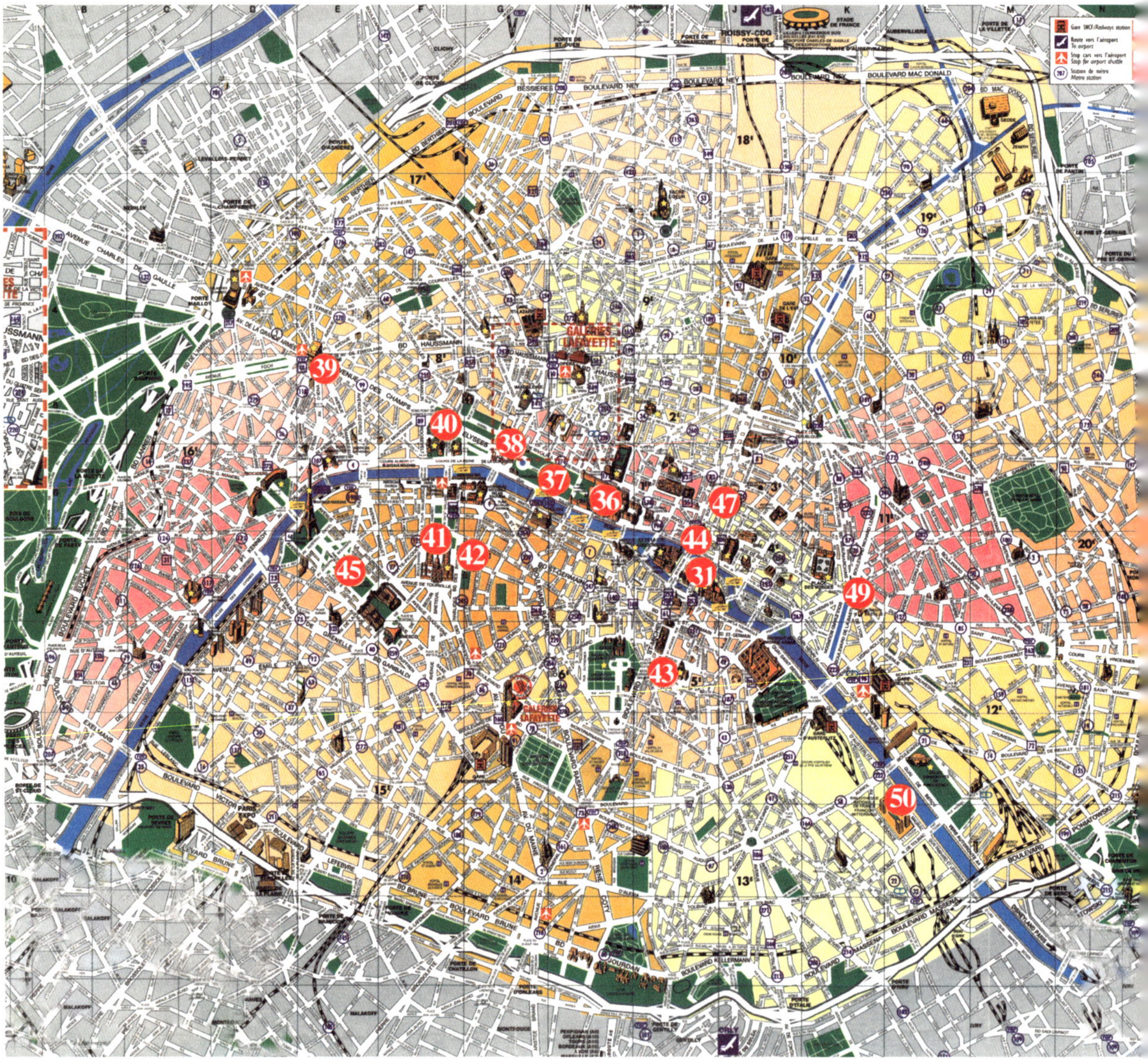

巴黎旧城图

远眺的巴黎圣母院。2001 年 5 月从东面楼上远望巴黎市中心，它矗立在西岱岛中。

晨曦中的巴黎圣母院。1982 年 5 月清晨散步到这里，刚刚升起的太阳照亮了路灯，幽静的环境让人联想起这里曾发生的故事。

实例32 巴黎枫丹白露宫（Fontainbleau）

位于巴黎市东南60km处。“枫丹白露”是“美泉”之意，约在12世纪初路易六世在泉旁修建一座供打猎时休息使用的城堡，从16世纪上半叶弗朗西斯一世起，亨利二世、亨利四世、路易十四、十五、十六以及拿破仑等国王都对此宫进行过改建、扩建，使其装饰日臻丰富华丽，集中了这一时期雕刻、油画、壁画、细瓷画碟等的艺术精华。建筑为古典主义，柱式构图严谨，加强了立面的水平划分，高屋顶，突出了建筑群的立体轮廓。从入口通向建筑群有条种植4排树的大道，大道一侧是“喷泉草地组成的大花园，另一侧是大水池和冬园(种植冷杉和蔬菜)。1995年12月我们参观了该园，在其后部扩建有长长的运河，估计是受17世纪勒·诺特式的影响；大水池部分亦改成自然式，大概是受18世纪发展自然园林的影响。周围的森林面积达1.7万hm^2，种植着橡树、桦树等，一片苍翠绿色，辉煌的宫苑坐落其中，环境优美，让人流连忘返。拍摄时选用超广角和PC镜头，以表达出空间的主题和环境。

现入口广场

宫室建筑群

大花园草坪与喷泉

已改为自然式的大水池

实例33 巴黎沃克斯·勒·维康特（Vaux Le Vicomte）园

该园是路易十三、十四时期财政大臣孚盖(Fouquet)的别墅园，位于巴黎市郊，由著名造园家勒·诺特设计，始建于1656年。由于孚盖当时专权，建此园要显示自己的权威，设计人满足了这一要求，采用了严格的中轴线规划，有意识地突出这条中轴线，不分散视线，花园中的花坛、水池、装饰喷泉十分简洁，并有横向运河相衬，因而使这条明显的中轴线控制着人心，让人感到主人的威严。孚盖的思想追求，使他丧了命。1661年该园建成后，于8月17日第二次请王公贵族前来观园赴宴，路易十四也到园观赏，看后更加感到孚盖有篡权的可能，于是借题在三周后的9月5日，将孚盖下狱问罪，判无期徒刑，后死于1680年。

笔者于1982年5月到此园参观，其主要特点有：

⑴大轴线简洁突出，南北中轴线1200m，穿过水池、运河、山丘上的雕像等一直贯通到底，形成宏伟、壮观的气势。

⑵保留有城堡(Castle)的痕迹，主体建筑为古典式，其四周围有河道，这护城河虽早已失去防御作用，但在建筑与水面、环境结合方面，取得了较好的效果。

⑶突出有变化有层次的整体，利用地形的高低变化，在中间的下沉之地，有洞穴、喷泉和一条窄长的运河，形成形状、空间、色彩的对比。

⑷能满足多功能的要求，根据园主要求，园内能举办堂皇的盛宴，靓丽的服装展览，以及戏剧演出(曾演出莫里哀喜剧)、体育活动和施放烟火等。

1705年居住在这里的孚盖夫人将此房产卖掉，后归萨姆密尔(Sommier)先生，在他1908年去世时，此园基本恢复。1919年，花园部分对公众开放。

参观时正逢阴天，时有小雨，拍摄时注意大轴线的特点和细雨绵绵的环境气氛。

主体建筑

花园中轴线景观

后部运河处的轴线景观，远处高地大力神雕像立于轴线末端上

细雨蒙蒙的花园中部景观

实例34 巴黎凡尔赛（Versailles）宫

它坐落在巴黎西南部18km处的凡尔赛镇上，镇上三条放射路聚焦在此宫前。这里原是一个小村落，路易十三为打猎休息时，修建了城堡。1661年路易十四开始建宫，1689年完成，历时28年，建筑面积11万m^2，园林面积100万m^2。建筑为三层古典主义形式，以东西为轴线，向南北对称展开，主体长达700多米，中间是王宫，两翼是政府办公处、剧场、教堂等，外部简洁壮观，内部富丽堂皇，采用大理石镶砌，以雕刻、挂毯和巨幅油画装饰。宫殿如此雍容华贵加上大规模的园林，使其成为世界闻名的法国宫苑，联合国教科文组织已将它列为世界文化遗产。当时，路易十四让勒·诺特规划设计凡尔赛园林，他提出：要搞出世界上未曾见过的花园，要超过西班牙埃斯库里阿尔宫。为了达到路易十四这一要求，体现君主的绝对的权威，勒·诺特采取了如下手法。

⑴大规模。大胆地将护城河、堡垒合并，并向远处延伸，园林占地100hm^2，是一个宏大的园林。

⑵突出纵向中轴线。三条放射路，焦点集中在凡尔赛宫前广场的中心，接着穿过宫殿的中心，轴线向西偏北伸延，在这条纵向中轴线上布置有拉托那(Latona)喷泉、长条形绿色地毯、阿波罗(Appolo)神水池喷泉和十字形大运河。站在凡尔赛宫前平台上，沿着这条中轴线望去，景观深远，严整气派，雄伟壮观，体现出炫耀君王权威的意图。

⑶采用超尺度的十字形大运河。勒·诺特对此设计从未感到怀疑，认为巨大的运河像伸出双臂的巨人，可以给人以无比深刻的印象。这一构思与做法，可以说是在沃克斯·勒·维康特别墅园内采用横向运河的基础上发展的。粗犷的大运河景观十分开阔，它加强了轴线的宏伟气势。

⑷均衡对称的布局。在纵向中轴线两侧均衡对称地布置图案式花坛和丛林，既有变化，又是统一向心的。中轴线左右两个外侧，布置有一对放射路通向十字形运河两臂的末端，左端是个动物园，右端是个大特瑞安农(Trianon)园。这样处理，既可突出中轴线，又增加了园景的内容与变化，这也是沃克斯·勒·维康特园的发展。

⑸创造广场空间。在道路交叉处布置不同形式的广场，纵横向道路围起的绿地中也安排有各种空间，用作宴会、舞会、演出观剧、游戏或放烟火使用，以满足国王享乐生活的需要。

⑹以水贯通全园。在纵向中轴线上布置连续不断的壮观水景，是凡尔赛宫的一大特点，也是它出名的一个主要原因。当地水源并不丰富，是从较远之处引水到宫中；由于耗水量极大，以致不能经常开放动人的喷泉。而众多水景在前面已经提及，它们之间是互有联系与呼应的。

⑺遍布塑像。在中心的两大喷水池中，是以拉托那和阿波罗神塑像为核心，雕塑生动细致，神态自如，起到了点睛的作用。在两大喷水池中间的林荫路两侧各布置一排塑像，栩栩如生，起到陪衬作用。

⑻建筑与花园相结合。这一方面是法国园林设计的进步，改变了建筑与花园缺少联系的不足之处。建筑与花园相结合，表现在互相的联系上，除将建筑的长边及其凹凸的外形同花园紧密联系外，有的还将花园景色引入室内，如著名的镜廊，全长72m，一面是17扇朝向花园的巨大拱形窗门，另一面镶嵌着与拱形窗门对称的由400多块镜片组成的17面镜子，在镜面中反映了花园景色。

勒·诺特所设计的凡尔赛宫园林，是吸取了意大利文艺复兴时期台地园设计的优点，结合法国的情况，创造出法国“勒·诺特式”园林，使新的规则式园林设计达到了新的高峰，他的名字作为造园专家在欧洲红极一个世纪。

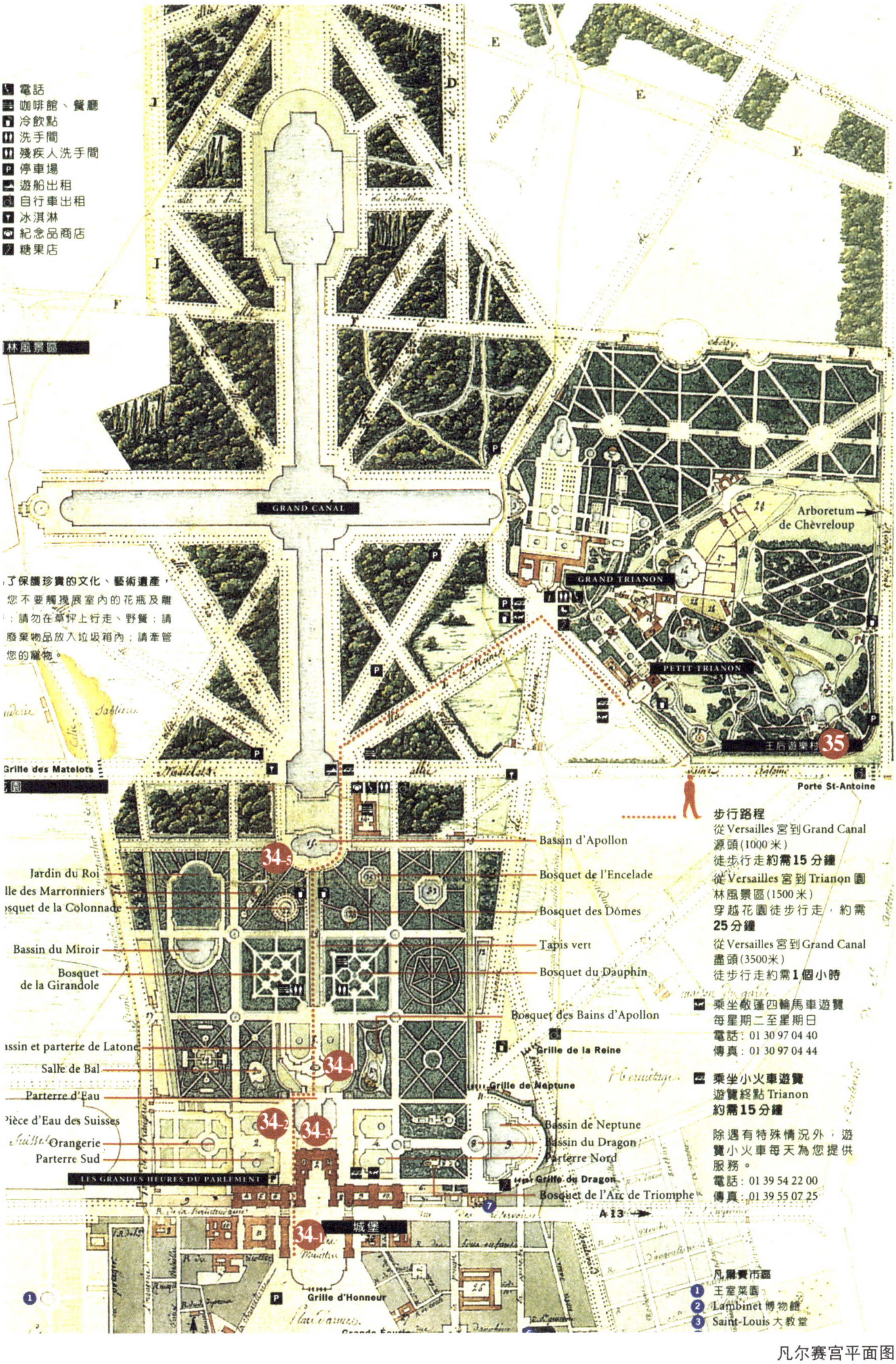
電話
咖啡館、餐廳
冷飲點
洗手間
殘疾人洗手間
停車場
遊船出租
自行車出租
冰淇淋
紀念品商店
糖果店
林風景區
GRAND CANAL
GRAND TRIANON
PETIT TRIANON
Arboretum de Chèvreloup
王后遊樂村
Grille des Matelots
Porte St-Antoine
了保護珍貴的文化、藝術遺產，
您不要觸摸展室內的花瓶及雕
：請勿在草坪上行走、野餐；請
廢棄物品放入垃圾箱內；請牽管
您的寵物。
步行路程
從Versailles宮到Grand Canal源頭(1000米)
徒步行走約需15分鐘
從Versailles宮到Trianon園林風景區(1500米)
穿越花園徒步行走，約需25分鐘
從Versailles宮到Grand Canal盡頭(3500米)
徒步行走約需1個小時
乘坐敞篷四輪馬車遊覽
每星期二至星期日
電話：01 30 97 04 40
傳真：01 30 97 04 44
乘坐小火車遊覽
遊覽終點Trianon
約需15分鐘
除遇有特殊情況外，遊覽小火車每天為您提供服務。
電話：01 39 54 22 00
傳真：01 39 55 07 25
Bassin d'Apollon
Bosquet de l'Encelade
Bosquet des Dômes
Tapis vert
Bosquet du Dauphin
Bosquet des Bains d'Apollon
Grille de la Reine
Grille de Neptune
Bassin de Neptune
Bassin du Dragon
Parterre Nord
Grille du Dragon
Bosquet de l'Arc de Triomphe
Jardin du Roi
lle des Marronniers
squet de la Colonnade
Bassin du Miroir
Bosquet de la Girandole
ssin et parterre de Latone
Salle de Bal
Parterre d'Eau
Pièce d'Eau des Suisses
Orangerie
Parterre Sud
LES GRANDES HEURES DU PARLEMENT
城堡
Grille d'Honneur
A 13
34-1
34-2
34-3
34-4
34-5
35
凡爾賽市區
王室菜園
Lambinet博物館
Saint-Louis大教堂

凡尔赛宫平面图

1 从入口广场望宫殿中心（中心处保留路易十三时期建筑）

2 从园林望宫殿中心

4 拉托那雕像水池喷泉

5 阿波罗雕像水池

3 中轴线景观

实例35 巴黎小特瑞安农（Little Trianon）

此处的建造分两个阶段。第一段为路易十五时期，模仿路易十四的凡尔赛宫内特瑞安农宫修建的，建有温室、花坛、国外树种等，具有植物园的特征，于1776年完成；第二段为路易十六时期，路易十六将此园赐给王妃玛丽·安托瓦内特(Marie Antoinette)，她按个人兴趣，将部分改建为田园景观，使小村庄成为全园的中心，附近还有农场、牛奶场、谷仓等，形成了村落的田园景色，于1784年建成。该园总体格局为规则和自然的混合式，入口左面为规则式，占大面积的右面与后部为自然式。主要住房为二层楼，面对湖面，内设有台球室，从住房内可望到远处的"爱之堂"，堂内立有爱神磨剑的塑像。这一时期，在欧洲流行自然式布局，因而这个田园式格局顺应趋势自然实现。

下面的照片是2003年12月下午夕阳西下前拍摄的，由于时间的不同，其光线、色彩亦呈现出不同的特点，色彩偏红，疏影横斜，景色透亮，突出了田园风光的意境。

居室田园景观

二层居室

从居室可望到的远处“爱之堂”

牛奶场景色

右部为管理兼保卫者用房

实例36 巴黎卢佛尔宫

建于公元13世纪，当时是为了防御而建造的一座城堡，到了14世纪查理五世将它改建为王宫，但相当长时间没有作王宫使用。直到16世纪、17世纪昂利二世、昂利四世、路易十三和路易十四时对此处不断改建、扩建，形成“方形庭院”，并收藏着各种艺术品，到路易十四去世前夕，卢佛尔宫已经成为经常展出各种绘画和雕塑作品的一个场所，到了18世纪末作为博物馆对外开放。现其收藏的艺术品已有40多万件，包括古代埃及、希腊、罗马的艺术品，东方各国的艺术品，以及王室珍玩和现代雕塑、绘画精品等。卢佛尔宫建筑形式，于17世纪改建时，并未采用法国政府邀请意大利艺术家伯尼尼(Bernini)提供的巴洛克形式风格的设计方案，而是选用当时法国喜爱的古典主义的简洁形式，这一建筑后来成为巴黎市东西向主要中轴线的起点。

20世纪80年代，法国总统密特朗因扩大规模需要，选用美籍华裔著名建筑师贝聿铭先生的金字塔式扩建设计方案。从其建设发展过程中，使人们得到的启示是，在市中心扩建博物馆等建筑规模时，应走入地下空间，可使地面上基本保持原貌。20世纪80年代，讨论北京天安门广场上中国革命历史博物馆扩建问题时，张镈先生和我就曾提出“进入地下空间”的建议。

卢佛尔宫内维纳斯雕像和蒙娜丽莎画像吸引着大量观众前来观赏，这里简要介绍一个这两件珍品。维纳斯像是1820年在塞斯兰德斯的朱罗岛上被一位农民所发现，它被公认为希腊女性美的原型，像高2m多，她的双臂折断。这尊维纳斯像微微有些倾斜，增加了曲线美和幽雅的动感美。据考证，它是大雕刻家普拉克西特(Praxitele)的一件原作，系公元前2世纪末的作品。蒙娜丽莎画像是达·芬奇的一幅名作，创作于1503～1505年之间，原型是一位叫蒙娜丽莎的佛罗伦萨人，画面中蒙娜丽莎嘴角双唇微微开启的那种微笑的表情，集中表现了妇女宁静、典雅的气质，深受人们的喜爱，成为美学和哲学的象征性形象。

在卢佛尔宫内拍摄，禁止使用闪光灯，我几次来参观，人员较多，因而在画面上难免有流动模糊的人影。

卢佛尔宫扩建工程玻璃金字塔外景

从玻璃金字塔入口进入室内

展出的维纳斯雕像

展出的《蒙娜丽莎》画像

实例37 巴黎吐洛里（Tuileries）花园

位于卢佛尔宫西面，其西端连接着协和广场。经过几个世纪的花园建设，到了17世纪路易十四时期，由勒·诺特进行改、扩建，将此花园与卢佛尔宫结合为一体，花园有一突出的中轴线，在此轴线上或两侧布置喷泉、水池、花坛、雕像，轴线东端正对着卢佛尔宫的建筑中心，突出了王宫，体现着君王的威严。这一中轴线后来向西延伸，成为巴黎的城市中轴线而闻名于全世界。这一著名中轴线是勒·诺特打下的基础。此花园采用下沉式(Sunkun)，扩大了视野范围，又可减少周围对花园内的干扰。这种手法是现代城市设计值得借鉴的一种好做法。

1806～1808年在花园东端中心建起一座模仿罗马君士坦丁凯旋门的卡鲁塞尔凯旋门，拱门上方刻着纪念拿破仑战绩的浅浮雕。

中部大水池

花园中轴线，从东向西望

卡鲁塞尔凯旋门

实例38 巴黎协和广场

它紧临吐洛里花园，坐落在卢佛尔宫、吐洛里花园向西延长的东西向中轴线上，是1757～1779年建成献给路易十五的，广场中央立着路易十五骑马的塑像。在大革命时期，拆毁了这座塑像，国王路易十六等在这里被斩首。到了19世纪30～40年代改建成今天的模样，广场中央耸立着穆罕默德·阿里作为礼品送给法国路易菲力普的埃及卢克索神庙中的方尖碑，碑高23m，碑身刻满歌颂拉姆西斯二世法老光辉业绩的象形文字。方尖碑南北两侧建有两座雕塑喷泉，样式是仿造罗马圣彼得教堂前广场的两个喷泉，其上有象征江河的装饰塑像，泉水喷流不息，增加了广场上的生气。

从东向西望，中为方尖碑，左为铁塔

从北向南望，左边建筑为塞纳河南岸的布尔绷宫（Palais Bourbon，现为国民议会会址）

实例39 巴黎明星广场凯旋门

从协和广场沿中轴线西行，在香榭丽舍大街西端的沙右山丘山矗立着一座雄伟建筑，它就是世界闻名的明星广场凯旋门。这座凯旋门是根据拿破仑命令用来纪念法国大军，于1836年建成的。其规模超过罗马君士坦丁凯旋门，高49.4m，宽44.8m，厚22.3m，方方的简洁构图。同罗马凯旋门不同的是没有柱或壁柱，墙上的浮雕尺度异常大，人像高达5～6m，其中一幅最精美是北面的“马赛曲”，上面描述着1792年义勇军出征的情景，其上方的浮雕是刻着拿破仑大捷庆祝仪式的场面。正是由于它的位置高、规模大、造型简洁、浮雕动人，所以显得格外壮观，使东西向中轴线到此达到了新的高潮。这些手法具有参考价值。

凯旋门建成后，交通堵塞，后开辟了圆形广场，12条宽大街道交会在此广场，故称此为明星广场，这一大拱门也随之改称为明星广场凯旋门。1920年在拱洞下建了“无名战士墓”，每到傍晚，这里便燃起不灭的火焰，以示悼念。

1982年5月的一个清晨，赶在太阳刚升起后拍摄，以取得晨光斜照、拱门辉煌壮丽、浮雕生动精美的效果。

凯旋门的正立面

实例40 巴黎大宫、小宫

为1900年巴黎举办国际博览会，在巴黎修建了两座对面相邻的建筑，称为大宫(Grand Palais)和小宫(Petit Palais)。这两座建筑规模都很大，形式为爱奥尼克柱廊加穹顶的古典复兴风格，在大宫的几个角上都立有巨型马车与人组合的雕塑，腾空奔飞的马，造型生动，给人留下深刻印象。大宫原用作展览汽车，现一部分作为“发明宫”永久占用，一些自然科学和人类进步方面重大的科学发明创造就在这里展出。小宫收藏了19世纪以来巴黎形成的绘画和雕塑作品，以展览这些作品为主。这两座建筑位于香榭丽舍大街向西通往亚历山大三世大桥的大路旁。拍照时间为1982年5月，当时阳光灿烂，以光影表现其古典风格。亚历山大三世大桥为铁质长达107m的单拱桥，以俄国沙皇的名字命名，是为庆祝俄国和法国建立同盟关系而建造的，建造时间是1896～1900年，其两端立柱上有象征塞纳河与涅瓦河的寓意性装饰物。此桥与大、小宫的修建年代同期，建筑风格类似，因而这条路与桥构成了一个和谐的整体。过此桥向南就是下一个实例荣军院建筑群。

大宫外景，远处为荣军院

大宫正门口

从铁塔望大、小宫（左面）

小宫外景

小宫内庭院

实例41 巴黎荣军院

它是一组规模较大的建筑群，位于亚历山大三世桥的南部沃邦广场和荣军院广场之间，它包括残疾军人院、圆顶教堂(又称恩瓦立德教堂)等。这组建筑是路易十四时期为安养残老军人而建，主体建筑于1676年竣工，圆顶教堂建造于1679～1706年之间。在残疾军人馆前的花园里排列着17、18世纪的铜炮，其中有18门“凯旋礼炮”。圆顶教堂是这组建筑的核心与制高点，设计人是阿尔都安孟莎尔，他的大胆创新使这座建筑成为完整古典主义的代表作。它的外形简洁、质朴，中间两层门廊

残疾军人馆前铜炮

残疾军人馆前花园雕像

的垂直线条同鼓座、过渡层、穹顶的垂直线条吻合一致，加强了向上的纵向感，最上端是一个带有塔尖的采光亭，总高107m，整体挺拔有力、和谐庄严。穹顶表面的12条肋之间，装饰着贴金的花卉与植物纹样，在阳光照耀下闪闪发光。1840年后拿破仑一世墓放在这里，此教堂成为纪念拿破仑的殿堂。

恩瓦立德教堂正面外景，未采用PC镜头，仰视效果差

从铁塔望恩瓦立德教堂，后右边为先贤祠

实例42 巴黎罗丹博物馆

它坐落在塞纳河的左岸，巴黎荣军院的东面。这一博物馆的特点是建筑与花园结合在一起布置罗丹的精美雕塑，并通过室外雕塑同周围外部的空间环境取得呼应。二层楼博物馆与后面花园，有一规则的轴线，在轴线上布置一水池，于水池中央及水池外围立放着罗丹的青铜雕塑作品，并在此轴线的东面丛林中，布置着罗丹的名作，于博物馆西边的院中立有生动的巴尔扎克全身塑像，观此像同时就可望到荣军院的恩瓦立德教堂，扩大了视野。博物馆二层楼内陈放着罗丹的雕塑与绘画，生动有力，这就是这位伟大艺术家强调动感形态的效果。我曾两次来这里，一次是1982年5月，当时阳光微弱，另一次是1995年12月阳光较好，因而两次的照片，反映出不同季节和不同光线的情调。

外景（1982年5月）

外景（1995年12月）

室外雕塑展

室外巴尔扎克雕像，背景为恩瓦立德教堂

室内雕塑、绘画展

实例43 巴黎先贤祠

19世纪下半叶建成，位于巴黎塞纳河南部的圣什内维耶芙小山丘上，原为教堂，后改为安放伟人使用。设计人苏福洛追求一种古典式的新风格，立意将哥特式建筑结构的轻快同希腊建筑的明净和庄严结合起来，前面采用由22根科林新式柱组成的门廊，柱高19m，后面穹顶三层，内径20m，至其采光亭最高点为83m，内有425级阶梯，可直登穹顶顶端，眺望巴黎全景。1836年，在前面山墙上加上“伟人们，祖国感谢你们”的铭文。祠堂内安放着卢梭、雨果、伏尔泰等等名人的坟墓。

先贤祠街景

实例44 巴黎古堡喷泉

它位于沙特雷广场中，沙特雷意为堡垒，这里原是“商易桥”桥头起防御作用的一座“大城堡”(Grand Chatelet)。该城堡在拿破仑一世时期被毁，目前广场的规模是拿破仑三世时形成的。这座古堡喷泉，于1858年在底座上添加了四尊斯芬克斯狮身人面像。这一喷泉又称胜利喷泉，为单柱式，顶端立一镀金女神像，这里是人们观赏历史文物和休闲之地。在巴黎的许多街道或中小型广场上保留着历史文化艺术品，增加了城市的历史文化氛围，这一点值得我们借鉴。

我来此拍摄，选在黄昏时，夕阳照到了顶端女神像，底座已灰暗，由灯光照亮，取得了这一特殊效果。

“古堡喷泉”底座狮身人面雕塑

“古堡喷泉”全景

实例45 巴黎埃菲尔铁塔脚下公园

位于铁塔脚下东南部的大片绿荫区，现在是公园，过去是练兵场，名称是战神校场(Champs-de-Mars)，在这里举办过许多节庆活动。其南端是军事学院建筑，风格朴实，至今仍是一所军事院校，1784年拿破仑·波拿巴就是从这所学校毕业的。在此画面的远处，有一深色高层建筑，它是20世纪70年代建起的蒙帕纳斯大厦，高200m，当时它是巴黎也是欧洲的最高建筑，建成后遭到了各方面人士的反对，从此以后，巴黎旧市区再也没有出现高层建筑，他们以此作为一个教训。这是我介绍这个实例的主要原因，这个教训很值得我们参考。

从铁塔望其脚下校场公园(摄于1982年5月)

实例46 诺曼底

在巴黎西面100多公里的滨海处，是第二次世界大战英美联军登陆战败德国法西斯的重要地点，为此来这里参观的游人很多。1982年5月“中国建筑、生活、环境展览”开幕及各项活动结束后，我们乘车到此，正逢雨日，在细雨之中重温这段让人难忘的历史，并观看了已发展为旅游胜地的海边诺曼底镇。

长长的海中栈桥

隔桥望镇

镇边游艇

实例47 巴黎蓬皮杜文化中心

蓬皮杜文化中心是法国总统蓬皮杜决心在巴黎市中心兴建的一个重要文化中心，该项设计是向全世界招标，最后著名建筑师皮阿诺和罗杰斯的设计方案被选中。工程于1972年动工，1977年1月完成，建筑外部像是一座工厂，漆成不同颜色，不同颜色代表不同的功能。蓝色管线是电气设施，红色为运输线，绿色是水处理系统。内部为大柱网，可灵活变动其使用功能。由于建筑体量、高度的控制，它与周围环境尚能和谐在一起。

由中国建筑学会和法国巴黎蓬皮杜文化中心工业创作中心合办的"中国建筑、生活、环境展览"，1982年5月18日就在这个巴黎蓬皮杜文化中心隆重开幕。以中国建筑学会副理事长阎子祥为团长，张开济总建筑师、何镇强教授和张祖刚组成的中国建筑代表团，出席了开幕式。我国驻法大使姚广也出席了开幕式，并发表了讲话，随后，在阎子祥和文化中心负责人拉霍什(Larroche)夫人陪同下参观了展览。出席开幕式的还有法国文化部部长代表拉其(Larqule)先生和法国各界人士、旅法华侨等，共2000多人。拉霍什夫人讲：在蓬皮文化中心举行过这类展览的开幕式中，这次展览是人数最多、气氛最为热烈的一次。这次展览是成功的，使法国人民进一步了解中国广大人民生活和城乡建筑的情况，并增进中法人民之间的友谊，同时为中法文化交流开辟了一条民间交往的途径。

蓬皮杜文化中心外景

我国驻法大使姚广在中国展览开幕式上致辞

阎子祥先生（右一）在中国展览开幕举办的酒会上

实例48 “中国建筑、生活、环境展览”展品内容

这次在巴黎蓬皮杜文化中心的展览内容，包括中国城乡建设与生产、生活情况，有照片、模型和实物。反映了乡村农业生产、贸易交换、农村住宅(有一间北方农村住室的实物陈设)、教育保健、文化生活和城市住房(有一间城市一般家庭住室的实物的陈设)、工厂生产、教育、商业、业余文化生活等情况。还有北京、上海、广州、绍兴、西安、唐山6个不同类型城市规划、发展的技术资料，窑洞、蒙古包、木楼等各地不同形式的民居模型，新建农村住宅照片，以及1981年全国农村住宅设计竞赛部分得奖方案的图纸。

对这些展览内容，各方面反映较好，认为它朴实地说明了当前中国大多数人的生活情况。蓬皮杜文化中心反映，这个展览很有吸引力，每天参观人数约1.5～2万人。一些法国建筑师参观展览后认为，这几年中国城乡住宅建设的速度很快，但房屋的式样太单调，也没有什么色彩。还有许多法国建筑师和艺术家反映：中国的传统建筑、传统生活方式和生活用品丰富多彩，现在不应丢掉传统，应特别重视保持传统特色，希望保持旧城原有面貌，工业产品设计保持中国的特点。他们希望今后不断加强和发展中法建筑师之间的友好合作和学术交流。这些看法和建议对我们有很大的启示作用。

城市生活图片展

城市规划建设图片展

农村居室实物展

苏州网师园模型

实例49 巴黎新歌剧院

它坐落在法国革命象征的著名巴士底广场上，内有一个可容纳2700人的观众厅。建筑设计方案是通过国际设计竞赛选出的，从设计到建成是在20世纪80～90年代。其建筑形式注重体量分割与对比，以此来同街区、广场相适应，建立起一种整体体系的概念，这种变化和倾向，对于我们有一定的参考价值。这座建筑对面紧临着巴士底纪念柱，相互呼应。2001年5月，我们应法国外交部的邀请来巴黎，在出席会议期间，他们安排到此观看歌剧，这些照片就是在观剧前拍摄的，拍摄时注意运用光影反映出入口、门厅和观众厅以及剧院外巴士底纪念柱的特点。

该纪念柱是1830年为纪念1789年7月14日法国人民攻占巴士底狱7月革命的烈士碑，它是一座高52m的青铜柱，柱顶立一金翅自由神像，左手提着砸断的锁链，右手高举火炬。1880年6月，法国国民议会把巴黎人民攻占巴士底狱的7月14日这一天定为法国国庆日。

外景

门廊上部

门厅

观众厅一角

巴士底纪念柱

实例50 法国国立图书馆

位于巴黎东部13区，总建筑面积35万m^2，1995年3月完工，是密特朗最后一个也是最重要的工程。它的建成促进了东部的发展。这里有宽大的人行广场和朝向塞纳河的平台。建筑的特点是，没有界限，完全融于城市中，它是向所有人开放的空间，其中心布置一个大的森林般的花园，整个建筑围绕着这个自然空间，恬静优雅，舒适宜人。其四角立着L形较高建筑，有如四本展开的书籍，它是图书馆的象征。设计人是法国著名建筑师D · 贝鲁尔，此建筑获法国国家建筑大奖，并获欧洲密斯基金会大奖。该项目已被选入《20世纪世界建筑精品集锦》环地中海地区卷中。

外景

实例51 巴黎迪斯尼乐园

自美国第一座迪斯尼乐园问世后，世界各地纷纷仿造，10多年前巴黎也建造了一处迪斯尼乐园。1995年12月，我们专门参观了这处新乐园。此处有法国自己的特点，建筑带着古典主义的样式，建筑与雕塑亦富有浪漫主义的造型与色彩。其他共性的内容，包括入口及其宽敞大道的布局、适合儿童喜爱的具有幻想意味的卡通式建筑外形、适合人们健康心理要求的欢乐气氛、减少恐怖内容等等，在此园内都表现得很突出。我们参观时已近黄昏，所拍照片都是黄昏前后的情景。

入口处

圆形游乐场

高大古堡塔楼夜景

实例52 里尔美术馆

这是一个扩建工程，原里尔老美术馆建于1895年，位于里尔市中心，是一古典复兴式建筑，庄重严整。扩建时，首先清理和恢复原有建筑，并在其对面建一薄片建筑，薄片建筑立面上的透视景观是由几层竖向材料组成，表面是透明玻璃，中间的小镜片布成方格网，镜面映出老美术馆的印象形象，这景象就成为新与旧的结合点。这一创新手法，后来得到人们的肯定，1997年该项目获法国银角奖。设计人是法国J·M伊宝和M.魏达尔，此项工程于1997年6月建成。在2001年5月、2003年12月，我们两次到此参观，第二次是在下午接近夕阳西下时，随时间的不同，照片效果亦不相同。

新建筑镜面映出老美术馆印象形象

老美术馆外景

老美术馆中庭（上为2001年时拍摄、下为2003年时拍摄），据展览内容随时变化布局

组织儿童到美术馆参观，从小加强艺术教育

实例53 里尔市弗雷斯诺国立当代艺术学校

它建在法国里尔城附近的杜关市代斯卡特大街，是法国著名建筑师屈米的一个新建筑创作。该地段原有20世纪20年代建造的综合娱乐中心，包括电影院、舞厅和转马亭建筑，设计人将这些原有建筑保留，采用一个新的屋顶盖在新、旧建筑之上，新屋顶高出老屋顶，并设有云状的玻璃天窗，自然采光，自然通风，并起到富有诗意地把新、老建筑组合为一个整体的作用。2001年5月，我们专门驱车来这里参观，它给我们的启示是，要重视保留历史文化建筑，同时要重视创新，二者要结合起来。拍摄时选用PC镜头，以体现其大屋盖、大楼梯的特点。

带玻璃天窗的大屋顶，左侧为原有建筑

入口大楼梯

(六) 西班牙

15世纪末，西班牙完成了国家的统一。查理一世(1516～1556年)于1519年当选并兼任为罗马帝国皇帝。他在意大利战争中打败法国，16世纪20～30年代侵占美洲、北非一些地方，成为殖民大帝国。菲力普二世(1556～1598年)于1588年派舰队远征英国，在英吉利海峡遭遇失败，从此海上霸权让位给英国，国家逐渐衰落。

马德里是西班牙的首都，欧洲著名的历史文化名城，地处梅塞塔高原，海拔670m，是欧洲地势最高的首都，1561年西班牙国王菲力普二世迁都在这里，19世纪发展为大城市。市内名胜古迹荟萃，旧城完整地得到保护，新区紧邻旧城发展，新旧结合，这一整体保护旧城的理念值得我们学习。

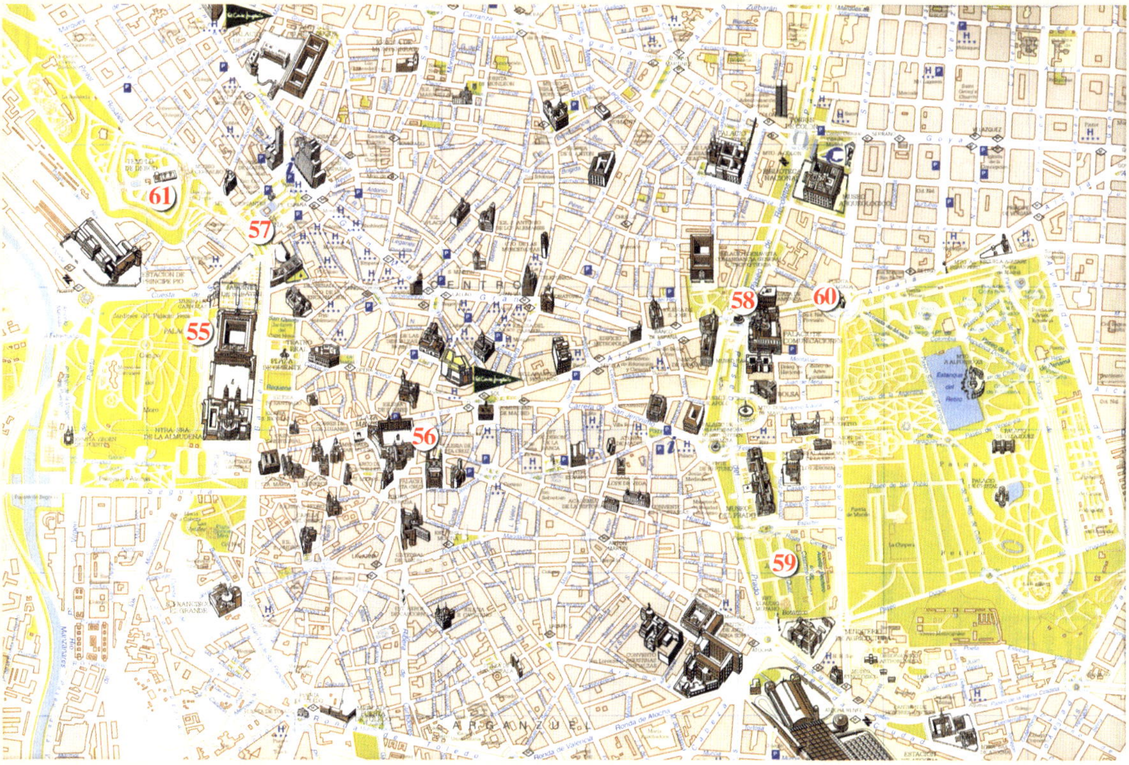

马德里城中心区图

实例54 马德里埃斯库里阿尔（Escorial）宫

该宫建于1563～1584年，位于马德里西北48km处，从西门正中进入，院南是修道院，院北是神学院和大学，往北正中是教堂，教堂地下室为陵墓，教堂北部突出部分是皇帝的居住之处。它的平面布局，是从大的分区考虑的，用不同的大小院落组成的建筑群，中轴线凸出，规整有序，且利于采光通风。这种平面布局手法，至今还有参考价值。这座建筑物全部采用大块花岗石、青瓦，墙面简洁，貌似文艺复兴前期式建筑，仅以教堂的穹顶和四角的尖塔组成了有气势的外貌，由于它的庄严雄伟，轰动了欧洲宫廷，后路易十四建造凡尔赛宫时，明确了一定要超过它。拍摄时，选用PC镜头，以体现建筑的雄伟。

外景

实例55 马德里王宫与花园

位于旧城西北面，建于18世纪，古典文艺复兴式，共四层，二、三层间采用壁柱装饰，强调水平线条，整体简明端庄。在王宫西侧建一大花园，受法国诺·勒特式和英国自然式的影响，布局是规则加自然式，在北面的轴线上，顺起伏的地形有圆形喷泉雕塑和草坪，甚为壮观，轴线南边为自然布置的花木群。拍摄时，选用PC镜头。

王宫

花园

实例56 马德里市长广场

位于旧城的中心偏西部，是菲力普二世很早提出要建造的。16世纪时这里是一重要的市场，此项工程是在1619年完成。广场为封闭式，四周由四层高楼房围合而成，有两面各立一对钟塔，使其立体轮廓丰富并有变化。底层为拱廊，四角拱廊通透，与外部联系。广场中立有菲力普三世青铜骑马塑像。建筑内容，除行政办公、会议活动外，还有商店、手工艺作坊等。建筑整体简单朴素，气氛庄严，环境安全，不受交通干扰。拍摄时，选用PC镜头。

外景

通透的局部拱廊

实例57 马德里 西班牙广场

位于旧城的西北角处，在广场中耸立着巍峨的塞万提斯纪念碑，碑前有堂吉诃德和桑科·潘扎的塑像，碑前为一方形水池，两侧有葱郁树木，池中倒映着生动的塑像，构成了一副优美的画面。拍摄时选用PC镜头，注意表现这主题环境特点。

塞万提斯纪念碑

实例58 马德里交通部门大楼

坐落在阿尔卡拉(Alcala)和Paseo街交叉口Cibeles广场的东南角上，其壮观庄严的外立面所形成的纪念性风格，是19世纪政府各部门大楼的一个范例，其内部设计有很大的改变。在此建筑前面，即广场的中心设一美丽的喷泉雕像，Goddess Cybele坐着车由两头狮子牵拉，形象生动，夜晚灯光照亮，晶莹辉煌，这组景观已成为马德里的象征。我拍摄这一富有意境的夜景画面，选用PC镜头，小光圈长时间曝光。在这种情况下，通常要用三角架，如没带，要找一个固定点，选用B门曝光。

大楼夜景

实例59 马德里皇家植物园（Royal Botanical Garden）

位于Prado街东面的文化区内，博物馆的南面，由查理三世(Charles Ⅲ)创意建于1781年。园内布局规整，有一中轴线贯穿三个台地，在轴线中部立有查理三世的雕像，轴线东部末端为Villanueva建筑，作花木暖房和图书馆使用，此处为最高台地，布置较为自由。其他两个台地皆为方格网的布局形式，每格中还配以喷泉。种植的内容，有一台地是根据学校的需要配置的，其中还包括药材。19世纪，此园组织人员到美国和太平洋地区考察并引进树种，丰富并发展了这一植物园。拍摄时注意其主体建筑、规整布局和色彩的表现。

Villanueva 建筑

台地暖调景色

方格网形布局，画面中有一雕像为知名植物学家

实例 60 马德里阿尔卡拉门（Alcalla Gate）

坐落在阿尔卡拉街的独立广场上，它是马德里城市最有名的象征性纪念建筑，国王查理三世提出，此门要像凯旋门一样成为城市的有尊严的入口。建筑为五个洞门，中间三个为圆拱门，以壁柱和柱的形式来装饰，全部采用花岗石和白色石料建造。拍摄时，选用PC镜头，以反映拱门的庄严。

全景

实例 61 马德里底伯的（Debod）庙宇

它位于马德里旧城西北角Ferraz公园西面。这座古庙宇系埃及的古建筑，是埃及政府为了答谢两国在考古工作方面的合作，作为礼物送给西班牙政府的，为这里增加了历史文化氛围，它亦象征着两国之间的友谊与合作。

全景

实例62　巴塞罗那（Barcelona）旧城

巴塞罗那是西班牙的历史文化古城和最大的海港，位于东北部地中海岸。公元1833年前是西班牙最富地区加泰罗尼亚的首府，市区依山傍海，海滩宽阔，是伊比利亚半岛的门户。在旧城区内，有古罗马城墙和公元6世纪宫殿遗址；在东部中心矗立着哥特式天主教大教堂，巴塞罗那守护女神圣欧拉利亚的墓棺就放在教堂的地下室内；东部还保存着11～12世纪建起的堡垒式宫殿和雕刻精美的过街廊等；西部围廊式的三层楼院落作为国际建筑师协会第19次大会的展厅，古色古香，给人留下深刻的记忆；西部住区的宁静庭院保存着西班牙传统建筑的特色；最为突出的是东西部之间南北向的兰布拉斯(Rambles)大街，它连接着北面加泰罗尼亚广场和南面靠近海湾的和平门广场，现已成为闻名欧洲的步行街。在19世纪城市扩展时，这个旧城的大街小巷及其院落被完整地保存下来，这种做法很值得我们借鉴、参考。

东部雕刻精美的过街廊

巴塞罗那城

西部围廊式三层楼院落

西部住区庭园

兰布拉斯步行街北面入口

实例63 巴塞罗那哥伦布纪念碑

它矗立在兰布拉斯大街南端和平门广场上，面临浩瀚的地中海，是为1888年在这里举办国际博览会而建。碑高66m，全部采用赭红色大理石，环绕柱体中部有5个凌空飞舞的女神，底座四周雕有8只威武的黑色巨狮，顶端立着哥伦布的全身像，它凝视远方，挥手向前的姿态，表现出这位探险家的雄心壮志。此纪念碑给我留下了深刻的印象。拍摄时，选用PC镜头，注意反映出主题的特点。

从兰布拉斯(Rambles)步行街南口望纪念碑

全景

实例64 巴塞罗那蒙特胡依克(Montjuïc)山

这里是个山丘，高213m，位于巴塞罗那旧城西面，最早称为朱匹忒(古罗马主神)山，17世纪建有城堡，1929年为举办国际博览会，在山丘北边建起博览会艺术品陈列馆等，1992年为举办世界奥运会，又在山丘中心部位修建了奥林匹克运动场等各项设施。此外，山丘上还建有植物园、游乐场以及高架缆车等，因而此处已是一个巴塞罗那最吸引人的观光游览地点。

从陈列馆向北望博览会会场及城市景观（1996年7月拍摄，采用大广角镜头）

博览会艺术品陈列馆（1996年7月拍摄，采用大广角镜头）

奥运会体育场（1995 年 12 月拍摄，阴天）

植物园一角（1995 年 12 月拍摄，阴天）

实例65 巴塞罗那国际展览会德国馆

这个馆在现代建筑史上有一定的重要作用，它是世界著名建筑师密斯·凡·德·罗的一个杰作，1929年修建在蒙特胡依克(Montjuïc)山脚、国际博览会会场中轴线的西侧。展览馆规模为50m × 25m，建筑采用钢结构，由8根钢柱支撑屋面，建筑与一大一小两个方形水池结合，小水池露天，但包在建筑内与室内联系紧密，其端部立放着一尊起引导作用的人体雕像，整个室内空间相互引导伸展变化，产生了“流动空间”的效果。此建筑的这个特点，对现代建筑设计的艺术处理产生了很大影响，所以1986年又在原址修建了一个原样复制品。该项目已被选入《20世纪世界建筑精品集锦》环地中海地区卷中。拍摄时，注意表现它的主题、环境特点。

室内小水池与人体雕像

全景

从室外大水池通入室内

实例66 巴塞罗那西班牙广场

它位于巴塞罗那东西向主要干道西边的蒙特胡依克(Montjuïc)山的北面山脚下，它是1929年巴塞罗那国际博览会会场的入口处。周围有6条道路交会于此，广场中心立着一个精美的三角亭式雕塑喷泉，有三组雕像放在亭的拱门里，并配以三个象征地中海、大西洋和比斯开湾(Biscay)海湾的水池喷泉。在广场的东北角是19世纪建起的能容2.6万观众的竞技斗牛场，广场周围还建有为1929年国际博览参观人使用的旅馆等。

右为三角亭式雕塑喷泉，左面是广场南边的博览会会场入口处

广场北面

实例67 巴塞罗那米罗（Miro）独块石雕（monolith）作品

米罗是西班牙伟大的艺术家，生于1893年，1975年在蒙特胡依克(Montjuïc)山建起米罗基金会陈列馆，展出475件米罗1901~1975年期间的作品。这块独块石雕作品亦在陈列之中，此实物原作立放在从巴塞罗那西班牙广场向北行不远的米罗公园中，该作品是超现实主义象征性的，它代表了米罗的艺术理念。拍摄时选用PC镜头，并运用光影，表现作品立体通透的空间感。

米罗公园中的独块石雕作品

实例68 巴塞罗那Tetuan广场夜景

该广场系Passeig街与Gran大街的交叉路口，中心设一圆形喷泉，其两侧建筑规整并有变化，过此广场向北走，便可看到高迪的著名的米拉宅邸和巴特娄宅邸建筑。

Tetuan 广场夜景

实例69 巴塞罗那高迪（Antoni Gaudí）宅邸建筑

高迪(Antoni Gaudí)是世界著名的西班牙建筑师，他于1852年出生在巴塞罗那附近的Reus，1878年毕业于巴塞罗那的建筑学校，1926年因车祸逝世。在他从事建筑创作的40多年中，给巴塞罗那市留下了许多杰出建筑作品。下面首先介绍他的两幢宅邸建筑。

米拉宅邸(Casa Milà)，位于巴塞罗那市中心区Passeig de Gracia街的东面，1905年开始建造，1910年竣工。他的建筑创作基本理念是“自然”，创造由曲线、曲面空间组成的“自然式建筑”。建筑外面入口、阳台、屋檐线条、烟道和室内装饰，他都重视同当地传统文化结合，并强调创新，所以米拉宅邸的出现，让人感到耳目一新，从未有过的新风格，这就是高迪的“自然风格”。巴特娄宅邸(Casa Batlló)，位于米拉宅邸的斜对面，在1904～1906年间建起，其规模较小，立于街边仅4开间6层，其窗户、窗间壁，作了流畅自然的彩色装饰，女儿墙施以自然曲线有变化的彩色瓦，烟道顶端作了雕饰。一眼望去，就知道它是高迪创作的宅邸风格。拍摄时，选在清晨有阳光时，并用PC镜头，以突出建筑的自然风格。

米拉宅邸外景

米拉宅邸局部

米拉宅邸室内楼梯

巴特娄宅邸外景

巴特娄宅邸局部

实例70 巴塞罗那桂芦（Güell）公园

该园位于巴塞罗那城的北部，始建于1914年，这是高迪的又一杰作。高迪独特的风格完全反映在这个公园及其建筑中。其具体特点有：

⑴总体格局为自然浪漫风景式，围绕中心主体建筑，在四周布置自由环形曲路，曲路旁有不同的山林、洞穴景观，可供观赏休闲。

⑵利用地形，创造变幻的立体空间，主体建筑依坡而建，其屋顶与上层台地相连；从东门进入高迪博物馆区，利用高差布置柱廊洞穴，在不同标高的露台面上可看到立体的空间景色。

⑶建筑与自然融为一体，采用棕榈树、丛林、攀缘植物，使建筑与自然结合，洞穴石柱、其他石材的色彩都同自然的绿色相平衡，十分协调，形成一体。

⑷博物馆小巧精致，里面收藏有高迪的作品、图样、史料和设计的家具实物等。1996年7月国际建筑师协会第19届大会在此园安排了第一场活动，此园受到与会建筑师们的一致赞扬。

东面石柱廊台

西面山地廊道

主体建筑台阶装饰

实例71 巴塞罗那神圣家族教堂 (Sagrada Familia)

这座具有8个高耸入云圆形塔的教堂，已成为巴塞罗那的标志性建筑，它亦是高迪创作规模最大、时间最长的一幢代表杰作。此教堂矗立在巴塞罗那的市中心，周围建筑低平，使教堂的塔尖轮廓线格外突出，这是该设计的一个特点。教堂的曲线、曲面空间、高大塔尖雕刻装饰体现着高迪建筑的自然风格。在色彩运用方面，教堂内部，右边采用白色和金色，以象征快乐，左边使用青莲色和黑色，象征忧愁。根据具体环境的要求，要照顾好东、西、南三面的立面观看效果，高迪做了模型、拍了照片，反复推敲。在1914年他已62岁高龄时，为了搞好这座建筑他搬到教堂工地的房间居住，直到高迪去世时，此建筑尚未完工。1935年因战争遭到破坏，不断由后人继续修复、建造。现人们称其为神圣家族教堂博物馆。1995年12月、1996年6月我曾两次来这里拍摄，因其高耸，必须要选用PC镜头，以反映建筑的特点。

夜景

入口细部

外景

实例72 格拉纳达城 阿尔罕布拉（Alhanbra）宫苑

这座规模宏大的宫苑是典型的西班牙伊斯兰式，这种形式的形成要从伊斯兰教传入西班牙说起。伊斯兰教是如何传入西班牙的呢？公元711年阿拉伯人和摩尔人(摩尔人是阿拉伯和北非游牧部落柏柏尔人融合后形成的种族)通过地中海南岸侵入西班牙，占领了比利牛斯半岛的大部分。在13世纪末，西班牙收复失地运动大体完成。阿拉伯人只剩下位于半岛南部一隅的格拉纳达王国的据点，一直到1492年这个据点才被收复，从此结束了长达7个世纪被阿拉伯人占领的局面。

该宫建于公元1238～1358年，位于格拉纳达(Granada)城北面的高地上。此宫建筑与庭院，是把阿拉伯伊斯兰式和希腊、罗马式中庭(Atrium)结合在一起，创造出西班牙式的伊斯兰宫苑，西班牙称其为“Patio”(帕提奥)式。

⑴这组建筑是由四个“帕提奥”和一个大庭院组成的。“帕提奥”(Patio)的特征是：①建筑位于四周，围成一个方形的庭园。建筑形式多为阿拉伯式的拱廊，其装修雕饰十分精细。②位于中庭的中轴线上，有一方形水池、条形水渠或水池喷泉。在夏季炎热干燥地区，水极为宝贵，可取得凉爽湿润的感觉。③在水池、水渠与周围建筑之间，种以灌木、乔木，其搭配数量各不相同。④周围建筑多为居住之所，还有些地方将几个这类庭园组织在一起，形成“院套院”，这一点同苏州园林相仿。此宫庭园的四个“帕提奥”具有上述的全部特征，十分典型。

⑵姚金娘庭院(Court of the Myrtle Trees)。这个庭园45m×25m，正殿是皇帝接见大使举行仪式之处，庭园南北向，两端柱廊是由白色大理石细柱托着精美阿拉伯纹样的石膏块贴面的拱券，轻快活泼，建筑倒影水池之中，形成恬静的庭园气氛。在水池两侧种植姚金娘绿篱，故此处名为“姚金娘”庭园。它是属于中庭为大水池的“帕提奥”类型。

⑶狮子院(Court of the Lions)。此院为30m×18m，是后妃的住所，此庭院是属于十字形水渠的“帕提奥”类型，水渠伸入到四面建筑之内，在水渠端头设有阿拉伯式圆盘水池喷泉，可使室内降温清凉。庭院四周是由124根细长柱拱券廊围成，其柱有三种类型，即单柱、双柱和三柱组合式，显得十分精美。最突出之处是在院的中央，立一近似圆形的十二边形水池喷泉，下为12个精细石狮雕像，水从喷泉流下连通十字形水渠，此石狮喷泉成为庭院的视线焦点，形成高潮，故此院名为狮子院。原院中种有花木，后改为沙砾铺面，更加突出石狮喷泉。

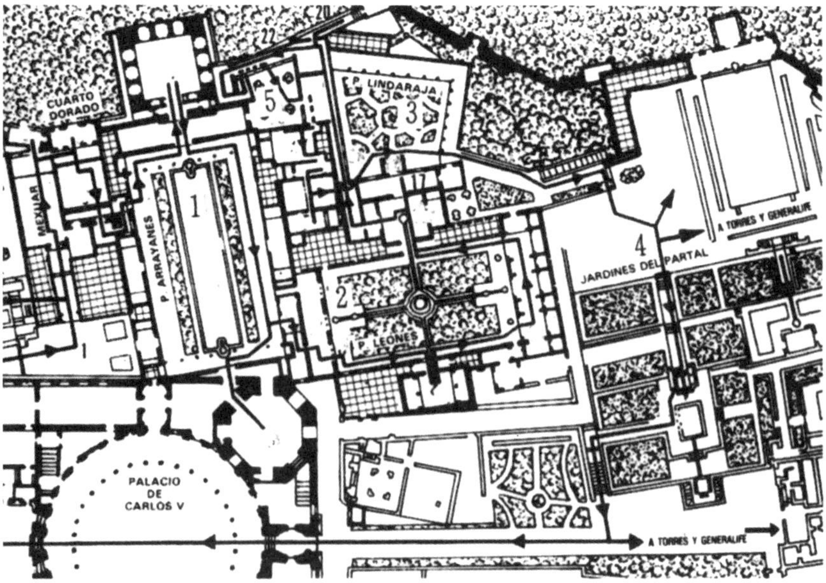

①姚金娘庭院 ②狮子院 ③林达拉杰花园 ④帕托花园 ⑤柏树庭院

格拉纳达城 阿尔罕布拉宫平面图

(4)林达拉杰花园(Limdaraja garden)。从狮子院往北，即到此园，这处后宫属于中心放置伊斯兰圆盘水池喷泉的“帕提奥”类型。环绕中央喷泉布置规则式的各种花坛，花坛是以黄杨绿篱镶边。在此花园西面，还有一柏树院(Cypress court)，是后来17世纪时扩建的，同样属于中心喷泉式“帕提奥”类型。

(5)帕托园(Partle garden)。这一花园不是以建筑围成的园，不属于“帕提奥”型。这里比较开敞，是一台地园，下面有一大水池，沿其轴线的台地上有一水渠，水沿阶流下同池水相连，在此眺望台下景色，视野开阔，这些是此园的特色。在此又形成了一个景观高潮。

1996年6月我们先行到此参观，拍摄时，使用PC镜头，着重反映出它的主题、环境特点。在拍狮子院水渠伸入建筑中时，要注意视点不能高，以使院子露出天空，有通透感。

姚金娘庭院

帕托花园

狮子院水渠伸入建筑中

实例73 格拉纳达城 吉纳拉里弗宫苑 (Generalife)

这是另一个宫苑。当地还有一种说法，园的名称是从“Gennat-Alarif”而来，其意是“Garden of the architect”，即建筑师的花园，为建筑师所有。此园位于阿尔罕布拉宫东面。其特点是：

⑴这处庭园比阿尔罕布拉宫高出50m，可纵览阿尔罕布拉宫周围景色。它们形成互为对景的关系，彼此呼应，整体和谐，这是此处的一大特点。

⑵在进入主要庭院之前，布置有一长条形的多姿多彩的条形花园，在条形花园的纵向轴线上设有条形水池，水池间放有不同形状的水池喷泉，水喷成拱门形状，水池两侧布满花卉和玫瑰，层次丰富，色彩鲜艳。此园具有明显的导向性。

⑶从条形花园北端的庭院中转一个方向，就进入了此处的主庭园，它是一个典型的中庭为条形水池的“帕提奥”。主体建筑为拱廊托起的二层坡顶楼，条形水池纵贯全院，池边喷出拱状水柱，两侧配以花木，在阳光照射下，五彩缤纷，灿烂夺目。在这里形成了一个结束参观前的景观高潮。

条形花园大水池喷泉

1996年7月，中国建筑师代表团100多人，在参加完第19届国际建筑师协会大会后，专程到格拉纳达城观看这两个历史著名的宫苑，大家在宫苑中流连忘返。

这两座宫苑给我的感受是，对于外来的事物，一定要根据当地各个方面的情况，创造出具有自己特点的建筑及其环境。

进入主庭园

(七) 英国

伦敦是英国的首都，始建于公元43年，11世纪已发展成为商业和政治中心，市内历史文物古迹很多，但它的整体保护、新旧建筑的结合，我认为不如罗马、巴黎，因而在这里就不介绍这一方面的内容。我很欣赏伦敦市中心区完整地保存着5座原有的皇家贵族园林，后对公众开放成为公园，这5座公园位于泰晤士河北面，即摄政公园、肯辛顿花园、海德公园、格林公园和圣·詹姆斯公园，它们像绿色宝石一般镶嵌在伦敦中心地区。如此重视城市中心地带的绿地保留，值得我们参考，详细资料请参阅我写的《世界园林发展概论》一书。

方塔钟楼

实例74 伦敦国会大厦

伦敦象征性的标志建筑，矗立在泰晤士河畔。从11～16世纪初，是国王的宫室，后逐步改为上、下议院使用。此处屡遭火灾，现存建筑是1840～1865年重建的。大厦立面长280m，是世界上少有的宏大哥特式建筑群。大厦西南角有高104m的维多利亚塔楼，东北角立有高98m的方塔钟楼。此钟楼即世界闻名的威斯敏斯特钟，始建于1859年，顶部装有重21t特大时钟，有四个面，钟面直径近7m，1909年改为电动，1923年英国广播公司向全世界播送钟声。拍摄时，注意反映其特点。

沿泰晤士河全貌

实例 75 伦敦特拉法尔加（Trafalgar）广场

位于伦敦市中心区，是一著名观览活动之地。我介绍此地，主要说明改善交通后的效果。2003年完成了此广场的改造工程，将广场的中心建筑国家美术馆前的行车道封闭，把展馆建筑同广场连成一个整体，广场两侧与前面组成一个人行道路系统，同车流分开。通过这样的改造，前来广场活动的人流比以前多了13倍。拍摄的照片主要反映人物的活动。

1987 年改造前情景

实例 76 伦敦依柔兹（Eros）雕像

位于海德公园以东的一个街道旁。这座雕像姿态活泼优美，既是历史文物，而今又成为人们休息的地方。拍摄照片时系阴天，只着意于它与人物活动的关系。

人们在雕像处休息

实例77 布赖顿(Brighton)

位于英国南部海滨，是一座海滨疗养城市。1987年7月我们来此出席国际建筑师协会(UIA)第16次大会。这里原是渔村，后有医生赞美此地海水、空气有益健康而出名，1783年威尔士王子等前来并安排建设项目，此后就逐步成为闻名的海滨旅游疗养胜地。海滨建有东西两条伸入近海的长堤，音乐厅、剧场、娱乐宫布置在此。城区街道整齐有序，安静宜居，很富人情味。1787年威尔士王子修建一座皇家宫殿，1815年又将其重修增加东方建筑的特点，内部装饰还有中国风格。下面的照片就反映这三方面的内容，当时皇宫正在修缮，观看不到全貌；此城市阳光明媚，拍摄时注意以光影表现其主题、环境、人物的特点。

伸入近海的长堤

海滩、长堤景色

城市住区一角

住区中公共活动生活广场

1987 年正在修缮的皇家宫殿

（八）爱尔兰

实例78 都柏林“三一学院”

都柏林是爱尔兰的首都。“三一学院”位于都柏林的市中心，是爱尔兰最著名的高等学府。该学院创建于公元17世纪，由两个庭院组成，中间立一高耸钟楼将议会广场与图书馆广场分开。议会广场的主要建筑为四层，内有公共剧场和小礼拜堂。图书馆是爱尔兰最大的图书馆，存放有历史上著名的手稿和早期出版的书刊。这座学院的建筑特点是，整体布局严整，重视保留和尊重历史建筑，新旧建筑协调，并能融进摩尔的现代艺术雕塑，还重视建筑与自然的结合，使你感受到它是一个有历史文化的环境优美的适合学习的高等学院。这些特点值得我们参考。

入口，原摄政及议会用房，左为议会广场，现总称前广场

钟楼，后面为图书馆广场，右面为图书馆

学友广场（Fellows Square），左为老图书馆，中为新图书馆

广场庭院中的摩尔现代艺术雕塑

和谐的新、老建筑

1987年7月国际建筑师协会(UIA)第17次代表会就在这里召开。在代表会议期间，中国建筑师代表团参加了会址竞选，结果是美国代表团获胜，定于1993年国际建筑师协会大会在美国芝加哥举办。

弯曲的河湖景色

实例79 都柏林圣·斯蒂芬公园

位于都柏林的市中心区，在“三一学院”的南面。该园用地为一长方形，但内部布局十分自然，花草树木繁茂，湖面自由开敞，还有瀑布、建筑点缀其间，创造出有层次的景观。成年人常到这里的草坪里晒太阳，少年儿童常到这里游戏或组织各项活动。在市中心地区还长期保留这样一块规模较大的绿地是难得的，是值得称赞的。会后的一个下午，阳光明亮，我来到此园拍下它的环境特点。

少年儿童游玩在自然环境里

大草坪与花卉景色

观景建筑

园中雕塑装饰

实例80 都柏林郊外养马牧场

这里是一望无际的大草地，中间散布着一组组高大古老的树群，这种辽阔而又有树丛层次的景观吸引着我们每一个来访者，同行的清华大学教授吴良镛先生立即拿出画板作画，我将此动人情景记录下来。这个牧场的特点，同我在伦敦到布赖顿之间看到的一些郊野景观是类似的。这一景观特点是在爱尔兰岛与英格兰岛的自然、地理和人文条件下，创造出来的。以前我在书本上看过这方面的资料，这次到了现场实地观看，加深了感受。

吴良镛教授在作画

牧场一角

正在驯马

放牧奶牛

(九) 德国

实例81 法兰克福（Frankfurt）

位于莱茵河支流美因河畔，是德国的一个工商业大城市。建于公元1世纪，19世纪中叶前成为商业城市，后开始发展工业，以化学工业为主，现除工商业发达外，还是德国的一个金融经济中心和重要的航空港。1987年7月我们到此小住两日，重点观看了旧城的一个活动中心——罗马人广场，该广场原有建筑保存完好，过去是罗马皇帝在此行加冕礼的地方，主要建筑有旧市政厅、大教堂等，广场中立有正义女神雕像，此城市旧城不大，历史建筑古迹很少，这里已成为市民最喜爱和常到的地方，也是外地游人们必到之处；夜晚我们散步在美因河畔，一幅富有韵律的建筑立体轮廓及其水中倒影的画面呈现在眼前。

罗马人广场入口

美因河畔夜景

美因河旁新建筑天际线

(十) 比利时

实例82 安特卫普（Antwerp）

位于斯凯尔特河下游，距北海岸86km，是比利时最大的港口城市，公元13～16世纪为欧洲的一个重要贸易中心，后衰落，直到19世纪中叶才复兴逐渐成为现代化的港口城市。传说古罗马侵略者唆使一个巨人来此掠夺财富，后被一位名为布拉伯的勇士战败，断了巨人左臂，抛进河中，城市据此称为“安特卫普”，这是弗拉芒语的意思，即“抛断手臂于河中”。现市政厅前广场中心的雕像，即一个勇士屹立船头，手举断臂正在抛掷，巨人伏其脚下，就是描述这个传说。在城区中心矗立着16世纪初建起的哥特式安特卫普大教堂，塔高123m，是比利时最大的教堂，它是该市的一个重要标志。在市中心广场及其周围建有大量的行会大厦，以山墙作为正面，正面窄、进深大，山花墙以小尖塔作装饰，街道上排列着这些哥特式带有尖塔的山墙立面。15世纪以来，这里还以艺术中心闻名，陆续建起各类博物馆、工艺美术馆和艺术学院等。从17世纪起，此地成为世界钻石加工和贸易中心。近代，在城边还修建了一个$80hm^2$较大规模的现代雕塑公园。1996年7月中旬，中国建筑师代表团应邀到安特卫普访问，它的旧城整体保护吸引着我们。

1 市政厅前广场“勇士抛掷断臂”雕像

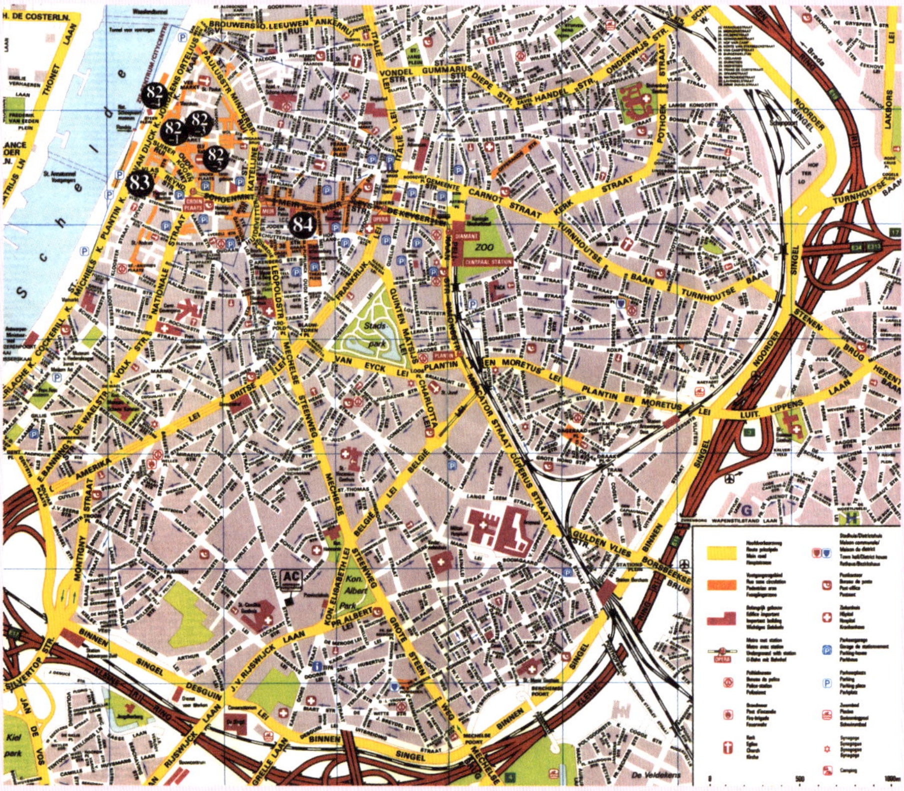

安特卫普城图

2 安特卫普大教堂

3 联排山墙式行会大厦

4 国家海事博物馆

5 现代雕塑园一角

实例83 安特卫普`t Sandt旅馆

位于旧城市中心区靠近河岸处，我们中国建筑师代表团就被安排在这里下榻。这是一幢老房子，建于19世纪中叶，早期是海关办公室，后来改作肥皂工厂、水果进口公司和旅馆使用。1981年定为保护的纪念性建筑。1993年安特卫普被称为欧洲文化之都时，这里改造成为保持原有历史文化风格并具有现代设施的四星级旅馆。这种做法，我们在欧洲的许多国家都曾见到或居住过，它不仅能给你“宾至如归”的感受，还能让你领略到具有不同传统文化的建筑与环境特色。这样重视保护与利用的思想和做法，一举多得，在中国值得大力提倡。在拍摄室内照片时，一定要选择光线均匀时，不能室内外光线反差过大，以避免缺少中间层次，室内景物不清楚。

接待休息厅

餐厅

意大利式小花园

实例84 安特卫普鲁宾斯（Rubens）博物馆

安特卫普从公元15世纪创建画院起，16、17世纪画家辈出，这期间建有不少画家博物馆，此城市以艺术中心闻名。这里介绍的鲁宾斯博物馆就是其中之一，它位于安特卫普市中心区，原为艺术画家鲁宾斯的住处和工作室，1640年他病逝在此处的卧室里。该建筑为意大利文艺复兴时期券柱式，砖石木构造，室内外装饰和家具与陈设等带有巴洛克样式的影响，建筑外部有一花园，创造出建筑与自然结合的环境。这里的一切建筑艺术形式创作都出自鲁宾斯一人之手，反映了他的人文主义思想，同其绘画的风格一样，自然、真实、和谐统一，整体性强。拍摄时，注意表现这些艺术特点。

建筑与花园

展室与庭院

拱形花架，与券拱式门窗取得呼应

鲁宾斯早期的著名作品《亚当与夏娃》

实例85 布鲁日（Bruges）

位于比利时西北部，离北海岸14km，是一座历史文化古城。始建于公元9世纪，14世纪时已成为欧洲的一个商业港，后衰落，20世纪初工商业重新复兴，有“北方威尼斯”之称。旧市区河道成网，河水清澈，河旁建筑修缮得整洁有序，仍保留着欧洲中世纪水乡的传统风貌。在市中心广场矗立一座公元13世纪末14世纪初建起的哥特式的市政厅塔楼，高85m，它在世界建筑史上占有重要地位，说明在这样早的时期，一些市政建筑的重要性已超过了教堂，这座高耸建筑起着标志性作用，从很远处都能望到它，它丰富着、统领着城市的立体轮廓。布鲁日水乡风貌的整体保护，使欧洲人、亚洲人到此旅游的日益增多。我们听说许多想看水乡风貌的日本游客，已放弃中国苏州，专程前往这里观赏。此地整体保护水乡的观念，值得苏州、绍兴两地学习。拍摄时选用PC镜头，以突出水乡和挺拔的市政厅塔楼的特点。

从街道望市政厅塔楼

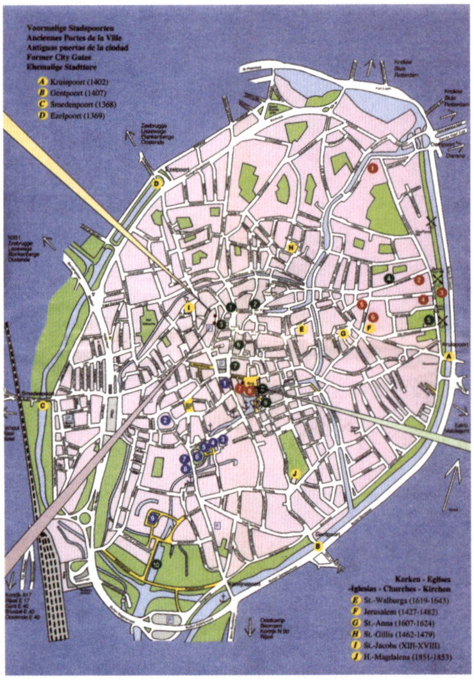

布鲁日城图

从河面上望市政厅塔楼

游船码头

转弯处水乡风貌

一边有小路的水乡景色

实例86 布鲁塞尔市中心大广场

布鲁塞尔，从1830年11月比利时宣告独立起至今一直是比利时的首都。这里原是一片沼泽地，公元10世纪末兴建要塞和码头，16世纪后被西班牙、奥地利、德国、荷兰占领。现为比利时的工业中心，还有700多处国际机构设在这里，故有欧洲首都之称。从城市的历史文化来看，市中心的“大广场”最为突出，四周屹立着中世纪哥特式和尼德兰式古建筑，有壮丽的皇家大厦、市政厅、历史博物馆以及1830年爆发革命之处的金融街剧场和闻名的“撒尿小孩”铜像等。我们到达这里，适逢阴云散后放晴，选用PC镜头，拍下了壮观的皇家大厦和“撒尿小孩”的铜像。

皇家大厦为典型的尼德兰哥特式建筑，建成于15世纪末，现为市博物馆，展品有布鲁塞尔市模型、宝石、绘画、艺术品等；三楼有一展室专门展出各国送与“撒尿小孩”的服装。

“撒尿小孩”铜像，被称为“布鲁塞尔第一公民塑像”，传说古时西班牙入侵撤离时拟用炸药毁城，幸好一个勇敢小孩夜出撒尿将导火线浇湿，布鲁塞尔城才得以保存，小孩却中箭身亡，故立像纪念。

皇家大厦柱廊透视

“撒尿小孩”铜像位置

“撒尿小孩”铜像

皇家大厦正面

实例 87 布鲁塞尔中国古式建筑

在布鲁塞尔著名的易明多公园里建有中国古式建筑风格的楼与亭，雕梁画栋，还有龙飞凤舞的精美装饰，室内陈设亦是中国样式的家具和壁饰，富丽豪华。自成吉思汗促进东西方文化交流后，中世纪时中国的建筑文化已传到欧洲，一些国家的皇室对中国建筑很感兴趣，修建了中国风格的建筑与园林。我认为建筑文化的交流是有益的，今后我们应进一步加强与欧洲建筑文化的交流与融合。拍摄这座建筑室内时，阳光微弱，但光线均匀，其效果并不亚于阳光充足时。我再次强调室外阳光过强，室内阴影处反差过大时，所拍室内照片的整体必然有过黑过糊之处，此时对阴影处要加辅助光处理。

楼与亭外景

室内装饰与陈设

实例88 布鲁塞尔原子球（Atomiun in Brussels）

这是一座比利时为1958年在布鲁塞尔举办万国博览会所设计建造的象征性建筑物。地址在市西北面易明多公园内。设计人是比利时著名工程师昂德雷·瓦特凯恩，他的创作意图是以微小原子的概念表达人类和平利用原子能的美好前景。其外观是9个巨大金属圆球以粗大钢管连接构成正方体图案，这个图案正是放大了的α铁的晶体结构，8个圆球位于正方体的8个角，1个圆球在正方体中心，圆球直径18m，钢管每根26m，直径3m，正方体总重量2200t，高102m。我们到此参观，先从地面圆形大厅乘电梯直达100m高的顶端圆球厅，观赏市容，再通过钢管内自动楼梯到其他圆球展室，各展室分别展出和平利用原子能、太阳能、天文、气象、航天等科技内容。周围浓荫的树林和规整的草坪与喷泉烘托着这座原子能建筑，构成一幅新颖别致而又有梦幻意味的画面。我以PC镜头拍下了这一主题场景。

原子球及其环境外景

（十一）俄罗斯

实例89 莫斯科红场（Red Square）

它是俄罗斯首都莫斯科市中心广场，紧靠在克里姆林宫东墙的东面，原作过商业广场、刑场使用。公元17世纪莫斯科从波兰贵族军队手中解放出来，17世纪中叶起称“红场”，俄语红色有美丽之意，红场即美丽的广场。广场为长方形，南北长695m，东西宽130m，总面积9万m^2，是莫斯科重大历史事件的发生场所，十月革命后是原苏联人民和俄罗斯人民举行庆祝活动、集会的广场。广场的主要面朝东，正中为列宁墓，墓后是两端耸立着斯巴斯基钟楼和尼古拉塔楼的长条形克里姆林宫墙。红场南面是华西里·伯拉仁内教堂，建于16世纪中叶，是为庆祝战胜蒙古的侵略而建，它是由9个墩式教堂组成，总高47m，中央帐篷顶上是一个小穹顶，周围8个小墩子排成方形，高低错落地举起8个葱头状的穹顶，穹顶以金、绿色为主，夹杂红、黄色，色彩强烈，装饰华丽，整体充分体现了俄罗斯民族独立、人民胜利主题。东面是规模宏大的百货商场，北面是19世纪建起的具有俄罗斯风格的历史博物馆。广场的路面还保留着原有的石块路，整体的面貌保持着传统的俄罗斯的建筑艺术特色，简洁、端庄、古朴。1998年9月，我应俄罗斯建筑师学会的邀请参加他们组织的国际建筑学术研讨会，会后为研究《20世纪世界建筑精品集》俄罗斯—苏联—独联体卷的具体内容时，我被安排到红场附近的莫斯科旅馆居住，因而有机会于黄昏前和夜晚拍下红场壮观的带有特殊情调的照片。拍摄如此大规模的广场，最好选用PC、超广角镜头。

莫斯科红场模型

南端的华西里·伯拉仁内教堂夜景

夕照下的莫斯科红场

莫斯科红场夜景

华西里·伯拉仁内教堂基座部分夜景

北端的历史博物馆，左为重建的伊维尔斯基拱门

实例90 莫斯科马涅什广场购物中心

马涅什广场位于红场的北面，它与克里姆林宫墙相邻，并挨着亚历山大洛夫斯基公园，为了改善这里的环境，方便生活，于20世纪90年代，对此广场进行了改造，举行了设计竞赛，获胜方案是修建一个地下7层的多功能购物中心。后修改方案，将7层改为4层，并布置一条倾斜的拱形通道将购物中心与公园联系起来，创造出一个优雅、清新的购物休闲环境。4层的购物中心面积为7万m^2，其圆形彩色玻璃屋顶和其他装饰体现着浓郁的俄罗斯风格。此改造工程于1997年完成，使用一年后我来此参观。当时的感触是，一个国家的首都中心广场，根据发展要增加设施，为了不影响原有面貌，最好向地下发展，这个实例又证明了这种做法是有效的。

购物中心喷泉雕像

购物中心圆顶

(十二) 瑞士

实例91 伯尔尼

伯尔尼是瑞士的首都，位于瑞士高原中央高地上，莱茵河支流阿勒(Aare)河从中穿过，从公元12世纪末开始沿河湾处逐步发展，至17世纪形成了河湾内三条街组成的旧城。原此地是“熊”出没之地，德语的“熊”就是伯尔尼，故城市取这个名称，现在“熊”已成为这里的标志。现代建筑在旧城外面发展，旧城被完整地保存下来，重要的历史文化建筑如100m高的明斯克大教堂原状保护、原状陈列；沿阿勒河的古老宅邸原状保留，但加以使用，上层作为市长官邸，下面辟为城市历史陈列室；其余大量的沿街建筑，仅保留建筑的外貌，其内部则按照改作商店、旅馆的需要，全部更新装修与设备。1979年6月，我们应邀来瑞士进行建筑学术交流，他们的旧城整体保护的做法和重视环境建设的思想给予我很大的感触。

伯尔尼旧城

沿阿勒河旧住宅

实例92 日内瓦

它是日内瓦州首府，傍日内瓦湖而建，素有国际城市之称。旧城区依然被完整地保护和使用着，新区建设街道宽阔，绿地成荫，自19世纪末起至20世纪在这里修建起大量的国际机构，但其高层建筑建在里面，并未沿湖铺开，保护湖岸的自然景观，这种做法值得推荐，这是我想介绍的第一点。第二点是环境建设，在瑞士提倡大量植树，每砍一棵树，都要经过有关部门批准，日内瓦市除在建筑之间栽有各种花木外，沿湖修建了激流公园、玫瑰公园、珍珠公园、植物园、英式花园等，使城市融入在山湖环保与绿色锦绣之中。只有用PC镜头，才能获得高树冠全貌的效果。

沿日内瓦湖建筑

日内瓦湖滨玫瑰公园

日内瓦湖畔喷泉雕像

实例93 阿尔卑斯山雪景

访问瑞士，要欣赏阿尔卑斯山的雪景。在主人的精心安排下，我们乘车到南部的博瑞格(Brig)山城，山城整洁幽静，空气清新，29年前我们在这里参观了先进的为民间电讯等服务的卫星站。之后，再从小城乘车至半山的则尔玛特(Zermatt)旅游点，从这个旅游点可乘电气火车或缆车登山，也有马车供游人在周围观览，此点体育、娱乐、旅馆、餐饮等设施齐全，是人们休闲、登山的重要枢纽旅游点。最后，我们乘爬山火车登上阿尔卑斯山，观看到辽阔的欧洲最大山脉的雪景。在瑞士境内，有许多山地湖泊，如苏黎世湖、图恩湖等等，在这些地方都呈现有湖水晶莹、远山白雪皑皑的优美画面，这是瑞士著名的特殊景观，画面中的白雪皑皑处就是阿尔卑斯山。1979年6月，我们登山时遇到的不是大晴天，无法拍到阳光闪耀的雪山景色。这次登山之行，给我最大的感受是，开发旅游风景区，一定要重视设施的完备，特别是交通设施，不仅是汽车，还要辅以各种交通工具，使游人可在最短时间内到达各个景点。

Brig 小山城一角

Brig 卫星站

阿尔卑斯山雪景

Zermatt 车站马车，乘车者为前辈
建筑师王华彬先生

Zermatt 旅馆、娱乐等服务设施

实例94 瑞士住宅

这次在瑞士举办的中瑞建筑学术交流会的主题是住宅。瑞士建筑师、学者布拉则先生很欣赏中国合院式住宅方式，他曾多次访问中国北京、苏州等地，拍了这一内容的照片，并出版了专著书籍，在瑞士还举办了这个专题的展览会，受到瑞士建筑师们的欢迎。此行，我们从瑞士的北部到南方，看到瑞士城乡住宅的特点是，特别重视环境，层数不高，多为1~2层和4~5的多层住宅，很少有高层住宅，并重视节能、利用太阳能。对于乡镇的原有木构住宅，仍然保留，注意修缮和增添内部的现代化设施。这些特点，对于我们都有参考价值。

北部乡村住宅

中部木构住宅

住宅前庭院

南部多层住宅

(十三) 美国

实例95 华盛顿美国国会大厦

华盛顿是美国的首都。全市面积174km²，波托马克河(Potomac River)像一条碧蓝色的晶莹宽带，从市中心飘动绕过，人口不到百万。原是印第安人住地，公元17世纪初欧洲移民在这里建起烟草种植园，18世纪末由首任总统华盛顿委任参加过独立战争的法国规划工程师皮埃尔·夏尔·朗方负责华盛顿新都的规划设计工作。市区为一正四边形，主要轴线为东西向，中心为国会大厦，南北向轴线对着国会大厦的侧面。国会大厦为全城最高点，其他建筑都不能超过它的高度，因而全城没有塔式高楼。城市街道从国会大厦向四周放射，形成方格加放射斜路的网状样式，东西向道路以阿拉伯数字命名，南北向的道路以英文字母命名。中心区的布局十分有序，建筑同大片自然绿地相结合，国会大厦坐东朝西，其前有对称的四条路，两条斜行路中北面的向西北方向延伸的宾夕法尼亚大街与白宫连接，两条垂直路北面为宪法大道，南面的为独立大道。在这两条垂直大道的内侧布置国家艺术博物馆、自然历史博物馆、美国历史博物馆、国家航天博物馆、弗利尔艺术馆、维多利亚艺术与工艺品陈列馆、里香博物馆与雕塑花园等，华盛顿以博物馆闻名世界。在这两条垂直大道的外侧安排联邦政府各部及白宫直属单位以及其他行政机构。在中轴线上布置一条宽阔的林荫绿带，供人们休息散步和集会使用，此绿带西端矗立着高耸的华盛顿纪念碑，碑的南、北、西三面为开敞的大片绿地，碑北面绿地端部是白宫，碑南面绿地端部是杰斐逊纪念堂，碑西面绿地的末端是林肯纪念

华盛顿城中心区图

俯视全景

正面外景

堂，这里也是面对国会大厦东西向主轴线的结束。全市没有大型工业企业，居民中以公务人员为主，其他就是文化、教育、娱乐、商业、服务和旅游业人员。1989年12月，我们详细了解和参观后，十分欣赏华盛顿突出首都政治中心的性质和符合此性质的城市规划布局以及它严格的建设管理。对照来看，我认为北京作为首都，不应过大扩充规模，不应有这么多的工厂企业，使其不足的土地和水资源矛盾更加突出，给未来的发展埋藏隐患。这个大问题，值得专题研究。下面将专项介绍中心区的几个重要建筑。

美国国会大厦始建于1793年，1814年英、美第二次战争期间，英军占领华盛顿，烧毁了它，1819年重新修建，由渥尔特(Thomas U.Walter)设计，主要是扩展了两翼大楼和中央主楼的穹顶，为古典复兴式，其高大穹顶及其鼓座，系仿照巴黎的先贤祠的模样，但更加雄伟，所用材料和结构为钢构架，既轻且高大，大厦整体为白色，在广阔的绿地衬托下，显得格外庄重、典雅、壮丽、突出。此大厦为国会参众两院所在地，4年一度的总统就职典礼就在主楼的平台上举行，大厦后面是美国最高法院和国会图书馆。

在华盛顿纪念碑上拍此建筑时，阳光微弱，另外一张是在下边拍摄的，有阳光的正视照片，以体现其庄严壮丽。

实例96 华盛顿纪念碑

它坐落在华盛顿东西向主轴线和中心绿带的核心位置上，为纪念首任总统华盛顿而建，1885年举行工程落成式，1888年10月对外开放。整体造型是一座白色石质方尖形石碑，顶部酷似埃及金字塔，高约17m，整个碑高169m，全部用花岗石建造，内设898级铁梯和一部电梯，顶部为观光厅，游人在此可饱览华盛顿全景风光。纪念碑的四周，是一片开阔的碧草如茵的草坪，已成为人们集会游行的场所。21世纪初，为修缮此碑，征集方案，最后选中的方案是以保证安全为主，四周不种较高大树木，便于观察，防备恐怖分子破坏。

拍摄此建筑照片主要是反映纪念碑及其周围环境，表现出它矗立在四周开阔的绿草坪空间中。

近黄昏时华盛顿纪念碑外景

从林肯纪念堂望华盛顿纪念碑

实例97 华盛顿白宫（White House）

美国总统府，坐落在宾夕法尼亚大街，华盛顿纪念碑的北面，占地18英亩。18世纪90年代修建，1800年美国第二届总统约翰·亚当斯住进使用，1814年同国会大厦一起被英军烧毁，1815年重新修复，后不断扩建。建筑为古典希腊式，北面入口采用爱奥尼式柱廊、三角形山花墙，因外墙为白色砂岩石，故称“白宫”。主楼底层大厅为总统进行外事活动之处，接见外国元首和使节；在大厅前方的南草坪为举行欢迎外宾来访仪式的地方；楼内还有图书室、地图室和金银瓷器陈列室。一层北面是正门，进门后有门厅、内厅，东厅是酒会、文艺演出、记者招待会举办之处，西侧为举行国宴的宴会厅。二层是总统家人居住之所。主楼两翼，西翼是办公区，其内侧为总统椭圆形办公室，东翼供游客参观，每星期二至星期六对外开放。在华盛顿纪念碑上拍摄，选用长焦距200mm镜头，可拍到白宫全景；选用广角镜头，可看到白宫及其周围景观。

白宫及其周围景观

白宫北立面

实例98 华盛顿林肯纪念堂
(Lincoln Memorial)

位于华盛顿东西向主轴线的西端，为纪念美国第16届总统林肯而建，设计人是亨利·培根建筑师。1865年林肯遇刺身亡，两年后国会通过兴建纪念堂的法案，但时隔55年于1922年建筑才得以实现。纪念堂的外观，是仿雅典巴提农神庙的古典希腊柱廊式，高27m，周围有36根古希腊式白色大理石圆形廊柱，它代表林肯时期的36个州，廊柱的横楣上刻着这些州的州名。入堂内，正中是一座高6.3m的林肯坐像，由28块大理石组合而成，其神态庄重肃穆。坐像后面墙壁上刻着林肯的演说辞，周围装饰着有关黑奴解放、南北统一、博爱慈善的壁画，以表达林肯是一位解放黑奴的历史伟人。在华盛顿纪念碑上拍摄，选用长短焦距镜头，以取得局部和带周围环境的纪念堂照片。

林肯纪念堂及其周围景观

林肯坐像

实例99 华盛顿杰斐逊（Jefferson Memorial）纪念堂

位于华盛顿纪念碑的南面，为纪念美国第三届总统杰斐逊而建。1938年由总统罗斯福主持开工典礼，于1943年4月13日在这位《独立宣言》的作者——杰斐逊200周年诞辰时，举行落成式。杰斐逊在法国学过建筑，还是一位建筑师，他喜爱巴黎先贤祠穹顶式建筑，因而设计人约翰·波普建筑师采用圆顶环状廊柱式白色大理石外观。在入口门厅上方刻有杰斐逊等领导起草《独立宣言》的群雕，大厅内摆放着高6.3m的杰斐逊立像，周围墙上装饰有四块刻着杰斐逊论著的青铜镶板，它与黑色花岗石基座白色大理石塑像组合在一起，通过对比达到和谐统一、突出主题的效果。这一手法值得建筑师们参考。照片仍是在华盛顿纪念碑上拍摄的，选用长、短焦距的镜头。

杰斐逊纪念堂全景

杰斐逊纪念堂及其周围景观

实例100 华盛顿国家艺术馆东馆

它位于国会大厦前西北向、紧靠国家艺术馆老馆的东面，1978年建成，设计人是著名美籍华裔建筑师贝聿铭。总统卡特出席开幕式剪彩，他称赞这座建筑与城市协调，是一个公共生活同艺术结合的象征性建筑。设计人采用一条对角线将建筑分为两个三角形，大三角形是以多层大厅为中心的新艺术馆，小一些的三角形是艺术研究中心。新馆大厅中有序地布置高低桥廊与自动扶梯，顶部为开有天窗的三棱锥体钢网架空间，当空悬吊着可转动的挂雕展品，生动活泼，大厅周围是四层陈列室。艺术研究中心四周是办公室、研究室和图书馆、阅览室，共8层，21m高。新旧馆的连接，是通过地面广场喷泉、水斗、天窗和地下通道水景(是地面广场的底层)组合在一起，这个采光水景使人感到轻快有趣。贝聿铭先生大胆创新精神和新旧馆结合的手法很有参考价值。这个项目已被选入《20世纪世界建筑精品集锦》北美卷中。拍摄时注意突出其主题、环境和意境。

悬吊挂雕的大厅

展览大厅有序布置的桥廊与扶梯

西入口及新老馆间广场

新老馆连接的地下通道，左侧为地上广场的水斗

面向中心绿地的外景

实例101 华盛顿史密松非洲、近东及亚洲文化中心

该中心工程是美国全国瞩目的重点工程，位于史密松学会总部楼的南部，1981年登报进行设计竞赛，最后美国SBRA公司获胜，取得设计权，工程于1986年建成。文化中心建筑面积为668000平方英尺，要建在史密松总部及其属下两个博物馆之间的一块4.2英亩的地段上。总部是建于1849年的维多利亚城堡式建筑，它的西面是建于1923年的意大利文艺复兴式的弗利尔艺术馆，东面是建于1881年的古典尖顶式的维多利亚艺术与工艺品陈列馆，这三组建筑都是美国重点保护文物。在此特定条件下，设计者大胆采用地下方案，只将三个入口亭建在地上，将96%的面积放在地下，入口建筑总高12m，体量小，不影响原来的总体空间环境。中心工程建成后，受到美国各界的一致好评，获得1988年托克优秀设计奖(Tucker Award of excellence)。介绍此例是想再一次说明在国家首都中心地带搞扩建工程，为了保持原有面貌和环境，最好进入地下空间。拍此全景，只有选在华盛顿纪念碑高视点处。

入口亭内通往地下展厅的楼梯间

文化中心地面入口亭

地面外貌。见右下角处，中心建成后，仍维持原有三组建筑的外貌

地下展室一角

实例102 纽约世界贸易中心

纽约是美国第一大城市，分5个区，市中心在曼哈顿区。1686年建市，1825年伊利运河通航和后来铁路的兴建，使城市迅速发展，成为世界大港口和经济、金融中心。中心区闻名的华尔街，是美国最大银行的集中地，也是金融中心的象征；百老汇街集中许多剧场、戏院、歌舞厅和夜总会，是一条闻名的娱乐场所大街。在自由岛上矗立着闻名世界的46m高的自由女神像。中心区内高楼林立，但在其中心地带于1857年修建起占地340hm^{2}的美国第一个城市大公园——中央公园，它改善了城市中心区的环境。

纽约世界贸易中心于1972年在纽约曼哈顿中心区建起，高417m，钢结构，由著名建筑师雅马萨奇(Mionru Yamasaki)设计。后于2001年9月11日被恐怖分子以飞机撞毁。为了复建这一具有重要意义的标志性建筑，2002年举办了美国纽约世界贸易中心复建工程设计方案竞赛，最后美籍建筑师里布斯金(Libeskind)获胜，该方案同自由女神像呼应，具有欣欣向上的气势，后于70层以上的塔尖部分，做成利用风能转为电能的设施使用。其他入围方案如“Afamily of giants”设计的含有绿色公园、5个塔连在一起的方案，理查德·迈耶设计的同样用塔连接的方案，Foster设计的折线三角形双塔连接方案，THINK设计的两个空铁高架方案，Skidmore设计的每个塔冠以风景广场的方案，Perterson Littenberg设计的小尺度退后方案，都不如里布斯金的方案形象富有内涵，且节能环保。这个选中的方案特点，对于我们很有启示的作用。现正在调整方案组织实施。

关于这个项目的照片，着重在复建工程上，提供的是设计方案模型照片。

获胜设计方案同自由女神像的呼应关系

矗立在自由岛上的自由女神像

获胜的纽约世界贸易中心复建工程设计方案模型

实例103 纽约金融中心

位于纽约曼哈顿中心区原世界贸易中心的北面，由著名美国建筑师西萨·佩里(Cesar Pelli)设计。这一中心从设计到建造时，正逢20世纪80年代前后“后现代主义”兴起时期，但设计人并未采用“后现代主义”的形式，而着重在表现有力和时代感上，从形体上看逐级向上收缩，从虚实、轻重来看上虚下实、上轻下重，下部分为花岗石面，上部分为玻璃面，佩里曾解释说，这样可使建筑物从天空透过，逐步扩大到下面的实体而立根于大地上。另外，这组建筑群的空间环境组合同街道密切配合，架有过街楼，并在连接处设有室内冬季花园。当时业主看中了这个方案的品位，从造型、材料、空间组合和环境功能等方面，都体现了时代感。拍摄它的外观是1989年12月从世界贸易中心顶部俯视的，光线较好，反映出它的设计特点。

室内冬季花园

外景

高楼间小块场地圣诞节期间的精致装饰

实例104 纽约洛克菲勒中心下沉式广场等

洛克菲勒中心位于纽约曼哈顿中心区，建造年代是1929～1939年，由三个事务所合作设计。中心是由9座不同规模的建筑组成的一个整体，占有三个街区，是一个写字楼、商店、娱乐、交通枢纽结合在一起的综合公共活动场所。这个综合项目已成为发展城市公共服务空间的一个较好范例。在此，我只想介绍高层建筑群之间的广场处理，洛克菲勒中心有一下沉式广场很出名，该广场中心侧面立有镀金雕塑喷泉，冬季这里成为冰场，夏季改作室外餐饮休闲之地，深受广大市民的喜爱。类似的情况，在其他高楼间，也都有精致的布置，特别是在节日期间，带有特殊装饰，供市民活动使用。这一做法，可供我们参考，既美化了环境，提高了利用率，又增加了城市的活力。

洛克菲勒中心下沉式广场

实例105 芝加哥滨湖建筑立体轮廓

芝加哥是美国仅次于纽约和洛杉矶的第三大城市，人口300多万。1830年时人口不及1万，此后运河、铁路兴建起来，城市迅速发展，成为世界重要谷物交易市场，美国钢铁冶炼工业的重要基地，河、湖、海运的港口。1871年曾遭大火，建筑被烧毁，后重建。1886年5月1日芝加哥几十万工人举行罢工，这里就是“五一国际劳动节”的发源地。这个城市还是世界高层建筑的发祥地，1974年建起的西尔斯塔楼，成为当时世界最高的建筑。市区位于密歇根湖西南岸，密歇根湖汪洋千顷，酷似大海，湖滨布置着大片绿地公园。芝加哥河蜿蜒流经市区，两岸建有许多知名建筑师设计的著名建筑。市中心区立体公共交通发达，出行十分方便。1993年6月在这里举办了国际建筑师协会(UIA)第18次大会和第19次代表会，在这次代表会上，我国北京成功地获得了1999年国际建筑师协会第20次大会的举办权，意义重大。

湖滨建筑是芝加哥的标志。为了适应地质的情况和搞好这一市中心区的环境，在密歇根湖滨修建了一个规模很大的长条形公园绿地，建筑群都退在其后，高层建筑排列有序，展现眼前的是一幅有韵律节奏的建筑立体轮廓画面。芝加哥高层建筑仅集中在市中心区的中部地带，在其南、西部，特别是郊区，建筑低、绿地多，环境清幽。1989年12月正值雪后放晴，我拍摄的是“阳光耀眼的雪初霁景”；1993年6月，在同一地点，拍摄的是“灯光晶莹的仲夏夜景”。

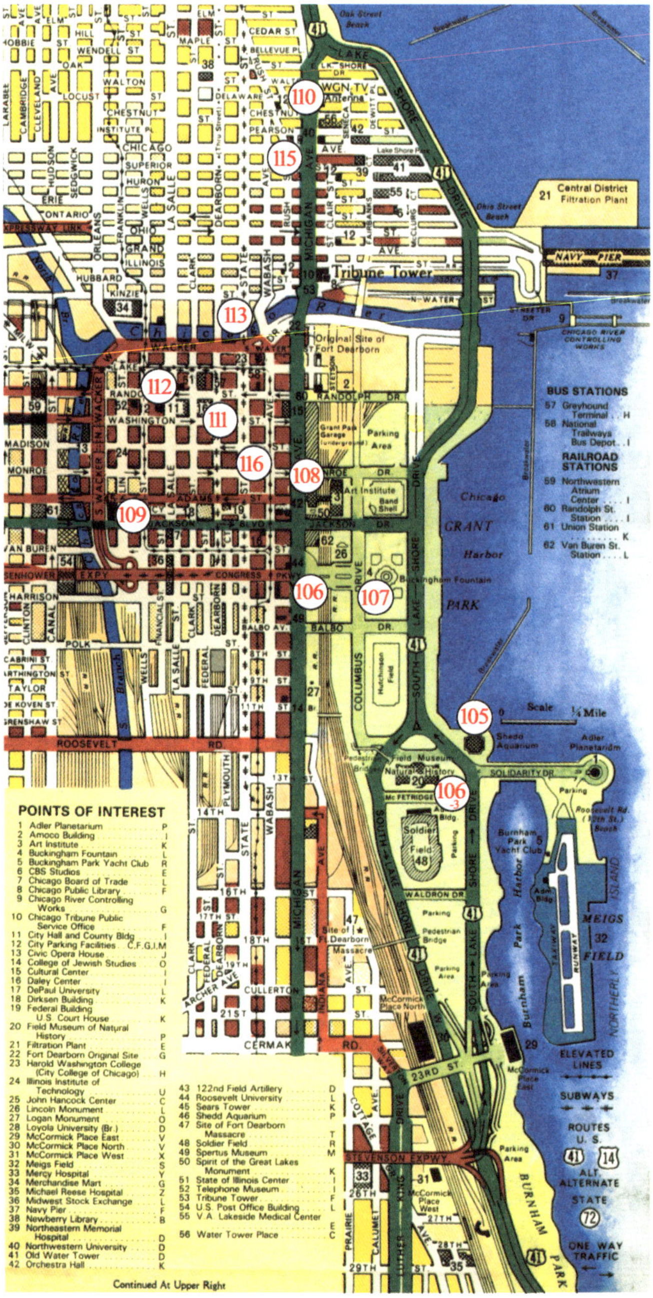

芝加哥城中心图

阳光耀眼的芝加哥滨湖建筑雪初霁景

灯光晶莹的芝加哥滨湖建筑仲夏夜景

实例106 芝加哥密歇根大街南段街西建筑群

这一段建筑群面对东面的格兰特(Grant)公园和密歇根湖，开敞宽阔，建筑群的每栋建筑都维修得很齐整，街面干净明快，保持着20世纪初期芝加哥发展现代高层建筑(20层以下)的历史面貌。如建在杰克逊(Jackson)街口的铁路交易建筑(Railway Exchange Building)，于1904年建成，17层高，外立面构图，以水平线条划分为底部、中部和顶层檐部三段，墙面没有什么装饰，简洁清爽，真实地反映着向现代高层建筑转变期的模样，富有建筑文化发展的历史意义。又如位于康哥瑞斯(Congress)街边的公会堂建筑(Auditorium Building)，建于1889年，使用部门虽有变更，其内部剧场、会堂、客厅等曾多次修缮，但其外观和内部主要空间仍保持原有历史风貌。还有位于此大街东南面、格兰特(Grant)公园南端的自然历史博物馆，1912～1920年全部建成，1921年全部开放，有一高76英尺的大陈列厅和两边三层内的7个横向厅，同样保持着历史原貌。1989年、1993年我两次在这条大街上漫步，深有感触，希望我们的一些城市领导增多整体保护历史街区的理念。

拍摄此段高层建筑时，选用PC镜头，可以表现出建筑的挺拔雄伟。

密歇根大街南段街景

铁路交易建筑（Railway Exchange Building）

自然历史博物馆（Field Museum of Nature History）大陈列厅

密歇根大街南段向北望

公会堂建筑（Auditorium Building）

实例107 芝加哥密歇根湖畔格兰特公园（Grant Park）

这是一条沿密歇根湖从北部Randolph街至南部Roosevelt路之间的条形绿地公园。正对Congress街，布置着世界最大的照明喷泉，中央泉池占地600平方英尺，中央水柱高达30m，水柱交汇形成水帘，夜晚有万枝灯光照射，瑰丽多彩；沿湖滨有浴场和游艇区，是市民戏水、划船的场所；公园内花香鸟语，林木葱郁，还点缀着有故事说法的精美雕像，湖中的点点帆船与公园内的优美自然的景色相映成趣。这条长长的绿带公园对于芝加哥市中心的环境起着关键性的作用，它改善了市中心的环境质量，为市民提供了一个很好的休闲环境，并极大地减去了高层建筑群的压抑感。这种做法亦值得借鉴。拍这里景色要避开冬季，于1993年6月花开树绿之时，我拍到较好的效果。

从南向北望公园全景

滨湖景色

花卉喷泉雕塑

大喷泉

湖滨绿地雕像景观

实例108 芝加哥艺术会馆（Art Institute of Chicago）

位于芝加哥密歇根大街东面，正对阿道木(Adams)大街，建于1892年，像其他许多博物馆一样，采用文艺复兴式的传统建筑样式。这里是芝加哥可视艺术之家。1924年在馆东面扩建一个大的院子，建筑有连续的拱廊，夏季可在露天供应午餐。在其东翼设有停车场。环绕院子还设有餐厅、演讲礼堂和画廊等。拍摄时，主入口处于阴面，效果不佳；后院雕塑，可选光影方向，取得立体效果。

入口外景

东面的院落

入口内景

院后的雕塑

实例 109 芝加哥西尔斯塔楼
(Sears Tower)

1970～1974年建于芝加哥，楼高443m，当时是世界最高的大楼，至1997在马来西亚建起高452m的双塔(Petronas Towers)后，这个最高称号才作了让位。这座塔楼采用束筒式结构，共有9个22.9m见方的筒形平面拼在一个68.7m见方的大筒内。整个建筑分成4段，用逐段减去两个方筒的做法，即1～50层为9个方筒，第51～66层减至7个方筒，第67～90层再减至5个方筒，第91～110层减至2个方筒直升到顶。这样做体形上有变化，并可减轻风力，还可使建筑整体稳定。整个建筑用钢7.6万t，混凝土5.5万m^3，自重达22.25万t。这座塔楼是由美国SOM建筑师事务所设计，在其顶层上还立有两根巨型天线直指蓝天，深褐色的铝质外墙和青铜色的玻璃窗在阳光下闪烁发光。这里是美国最大零售商西尔斯公司的总部办公处。

从汉考克大厦望此塔楼

西尔斯塔楼入口

实例110 芝加哥汉考克大厦

这是一座由美国SOM建筑师事务所设计的高344m、100层的大厦，位于芝加哥北部的近湖地带。建造时间为1965～1970年。它的特点是结构有创新，像是缠着钢箍的筒，每18层高度用斜叉十字钢撑构件束住，以承垂直与侧向应力；这一斜线结构造成特殊景观，像是一座垂直的纪念性的方尖碑建筑；内容多样，犹如一个小城，原为公寓和商业楼，现合二为一，1～4层为百货商场，5层为停车处，再往上是29层办公室，第40层为"空中门厅"，是与公寓部分的连接点，再上面就是48层的公寓，顶上两层是全景餐厅和广播电视站；还有一个创新特点，沿建筑四周设机械轨道，可装脚手架以清洁玻璃。此建筑已被选入《20世纪世界建筑精品集锦》北美卷中。选用长焦距200mm镜头拍摄。

用望远镜头望汉考克大厦

从西尔斯塔楼望汉考克大厦

实例111 芝加哥理查德杰·代莱中心（Richard J. Daley Center）

原为市民中心（Civic Center），位于华盛顿、鲁道夫、迪尔包恩、克拉克街围起的地块内，1965年建成，由墨菲建筑事务所设计（C. F. Murphy Associates）。建筑31层，钢结构，深色，主立面有四条窄的垂直线条，整个骨架由下到顶越来越轻，是当时兴起的“密斯式”现代建筑的形式。此楼为政府行政办公使用，其前面的大广场是市民公共活动的地方，在广场一角立有毕加索创作的著名雕塑，为此中心增加了生气。在市长Richard J. Daley去世后，将此建筑及其广场更名为理查德杰·代莱中心。在这个中心与其西北边州中心之间还有广场，这些广场都是市民集体活动的场地，1993年6月，我第二次来到这一中心地带，看到的情景是，一对对中老年在乐队的伴奏下，跳着交际舞，欢快愉悦，生动活泼，这同我国一些城市的情景差不多，值得提倡。我随即选用PC镜头、1/100秒速度拍下了这个人物活动的场景。1989年12月，我到此中心广场上，看到高大的毕加索创作的动人雕塑，感到它起着控制广场空间构图的作用。

理查德杰·代莱中心楼侧面，中为芝加哥庙

理查德杰·代莱中心毕加索雕塑

市政厅旁广场市民在跳交际舞

实例112 芝加哥伊利诺伊州政府大楼（State of Illinois Building）

它位于芝加哥北部鲁道夫街与克拉克街交叉口的西北面，由建筑师Helmut Jahn设计，于1985年建成使用。设计人在高技派风格基础上，借鉴一些古典穹顶模样，以表达现代州政府大厦的含义。首先体现政府建筑的公众性，要平易近人，底层部分是商店和大厅，供大众使用，办公楼层在上面，均敞向中庭，为开放性办公室(Open Office)；外立面采用沿街斜向后引曲面，以及选用的底层柱面材料等，都考虑同周围建筑的协调，以取得整体和谐的大效果，这亦反映着平易近人的内涵；外墙采用反射玻璃和一段透明玻璃幕墙，使中庭得到自然采光，中庭大厅由蛛网般的结构包裹着，电梯箱、楼梯、结构构件与管道等，制作工艺精细，反映着新结构、新构件的现代美，突出其高技派的风格。

对此做法，大家看法各异，有褒有贬。我对此建筑的感觉是，它的开放性和尊重周围建筑的思想我们可以借鉴。拍摄此处照片，要突出它的主题、环境和人物特点。

入口外观

入口柱廊

中庭入口

从上俯视中庭圆形地面

实例113 芝加哥玛利那双塔公寓(Marina City)

位于芝加哥北部芝加哥河北岸，是两座60层、179m高的圆形塔楼，由建筑师伯特伦木·戈路德伯格(Bertram Goldberg)设计，于1962年建成。两座塔楼外，还配有10层的事务所和剧场、体育馆、商店等，公共设施齐全，故称其为玛利那城。双塔下面18层是可放450辆汽车的停车场，19层是机房，再上面40层为900套住宅，是专供低收入家庭租用的1、2、3室户公寓。塔楼中心是钢筋混凝土圆筒，其内布置三部电梯和一部楼梯与排气天井。每户有1～2个阳台，外圈阳台是弧形，所以此双塔公寓的外形像是两棵巨大的玉蜀黍挺立在芝加哥河旁。拍此高大塔楼，选用PC镜头，并运用光影体现其造型与环境特点。

矗立在芝加哥河畔的圆形塔楼公寓

玛利那双塔公寓底部

实例114 芝加哥奥黑尔（O’Hare）国际机场

位于芝加哥市西北部，1963年建成，由建筑师尼斯(Naess)和墨菲(Murphy)设计。这是一座很大的机场，其突出特点有二，一是以现代化的高速交通动脉与市中心区连接，极大地方便了旅客；二是安排了完善的各种设施，包括旅馆、商业服务、飞机库和预留发展用地等。其平面采用U字形扩展的布局，便于使用和发展。后来又添建了新材料新构造的明亮的通行廊道。这两个突出特点，被世界各地新建的国际机场所采用。拍摄时，利用光影表现其特点。

机场入口，U字形布局

新建通行廊道

实例115 芝加哥水塔

它坐落在密歇根大街和芝加哥街交叉口的西北角处，建于1867～1869年，设计人是著名建筑师威廉·贝应顿(W. W. Boyington)。建筑为高直古典式，整体用黄色石块砌成，八角形塔身配以蓝色小穹顶。水塔内安装直径3英尺、高138英尺的水管，是当年芝加哥供水系统的中枢。1871年芝加哥全城被大火烧毁，由于水塔材料为石块，因而幸存下来，它成了市内重点的古迹，1978年市政府在水塔周围开辟了一个小公园，加强对其环境的保护。对它的拍摄，仅从环境方面着手，未拍特写。

从汉考克大厦俯视水塔

从密歇根大街向北望水塔街景

实例116 芝加哥卡森·皮里·斯科特百货公司（Carson Pirie Scott Department Store）

这是美国著名建筑师沙利文的代表现代建筑初期的优秀作品，建于1899～1904年，地点在芝加哥老城政府街和麦迪逊街转角处，外部形式为三段，基座段为底部两层高浮雕铸铁部分，中段为芝加哥式横向窗和白瓷砖贴面，顶部是出檐和退进的敞廊，这完全体现了现代框架结构的特点。这个项目已被选入《20世纪世界建筑精品集锦》北美卷中。这座建筑可以说是沙利文建筑理论的代表作品，他提出“形式随从功能”，高层公共建筑的功能特征是底层与二层功能相近，应形成整体，二层以上房间是相同的，应按柱网排列，顶部有设备层，可作不同处理。芝加哥学派在促进现代建筑发展方面起了推动作用，后因美国“商业古典主义风格”的盛行，延缓了现代建筑的发展。对于沙利文的观点，不能全盘否定，只是要根据社会发展的新情况补充新的内容。他的功能观点，对于我们一些建筑师不考虑功能特点而盲目采用古今中外样式的错误思想，仍有启示作用。

入口两层铸铁浮雕

我曾两次来此拍摄，1989年12月，雪后拍其底部基座段并有地面反影；1993年6月正值政府街节日活动，街上摆摊，逛街市民与游人甚多，热闹非凡。

百货公司底座段与中段外景

政府街节日期间百货公司前外景

百货公司内景，冷色调大厅，柱头花饰保持原貌

百货公司暖色调大厅

实例117 芝加哥赖特住宅和工作室

于19世纪末建于芝加哥郊区，它完全体现了赖特的“有机建筑”论。赖特认为有机建筑是一种由内而外的建筑，与外部自然环境是一个整体。如住宅，是那个环境的一个优美部分，它给环境添彩，与环境融合为一体，所以说有机建筑就是“自然的建筑”。这座住宅建筑的“自然”反映在环境优美安静；所用材料是传统的砖、木和石头；平面布局自然、灵活；以壁炉为中心，安排门厅、起居室、餐厅、工作室等，使室内空间连续；建筑外部以水平横线条为主，长屋檐、联排窗，给人以舒展、安定、自然的感觉；而且这种连续成排的窗与门，增加了室内和室外自然空间的联系。现该住宅作为文物建筑已被保护起来，由赖特基金会负责管理。我们来此参观，深感赖特的自然建筑观对于今日建筑的发展仍有很大的启示作用。拍摄时，在下雪之后，天空尚未放晴，能见度不高，只好近距离拍照。

室内环绕壁炉的连续空间

室内与室外自然空间连成一体

中部外景

赖特住宅和工作室街景

实例118 1993年芝加哥国际建筑师协会大会

1993年6月17～20日，在芝加哥举办了国际建筑师协会第18次大会，开幕式是在芝加哥剧院(1921年建成)举行，会上将这届国际建筑师协会金奖颁发给日本著名建筑师慎文彦先生，以表彰他的创新精神。这次大会的学术主题是“建筑在十字路口——为持久的未来设计”，会场设在芝加哥中心区南部的会议中心，国际建筑师协会理事周干峙先生在第四区(亚澳)会议上作了题为“探求健康、文明、永续的建筑发展”报告。国际建筑师协会第19次代表会于6月21日召开，会议期间要选定1999年国际建筑师协会大会的会址，为此次竞选我们做了比较周密的舆论与宣传介绍工作，在有6国参加的激烈竞争中，中国北京得票数高居榜首，获得了1999年国际建筑师协会第20次大会的举办权。

举办国际建筑师第18次大会开幕式的芝加哥剧院

芝加哥会议中心国际建筑师协会第18次大会报到处

举办国际建筑师协会第19次代表会的芝加哥饭店

芝加哥会议中心国际建筑师协会第18次大会展览会场

实例119 波士顿中心绿地公园区

波士顿是美国东北部沿海的大城市和海港，为马萨诸塞州首府，始建于1630年，其历史与美国的独立、发展密切相关，现为美国的一座历史文化之城。这里所介绍的市中心绿地公园区，为美国最早的公园区之一，其北面山丘在17～18世纪时有烽火台，作为航海船只通信的信号，后来在此修建马萨诸塞州议会大楼，大楼中心为一镀金穹顶，数里之外都能望到这闪闪发光的金圆顶。几百年来这块绿地一直被保留着，成为市中心的一块绿色宝地，起着平衡城市自然生态的巨大作用。

拍摄这些照片，是选择在240m高的汉考克大厦观光厅。远处的州议会大楼，是用长焦距200mm望远镜头拍摄的。

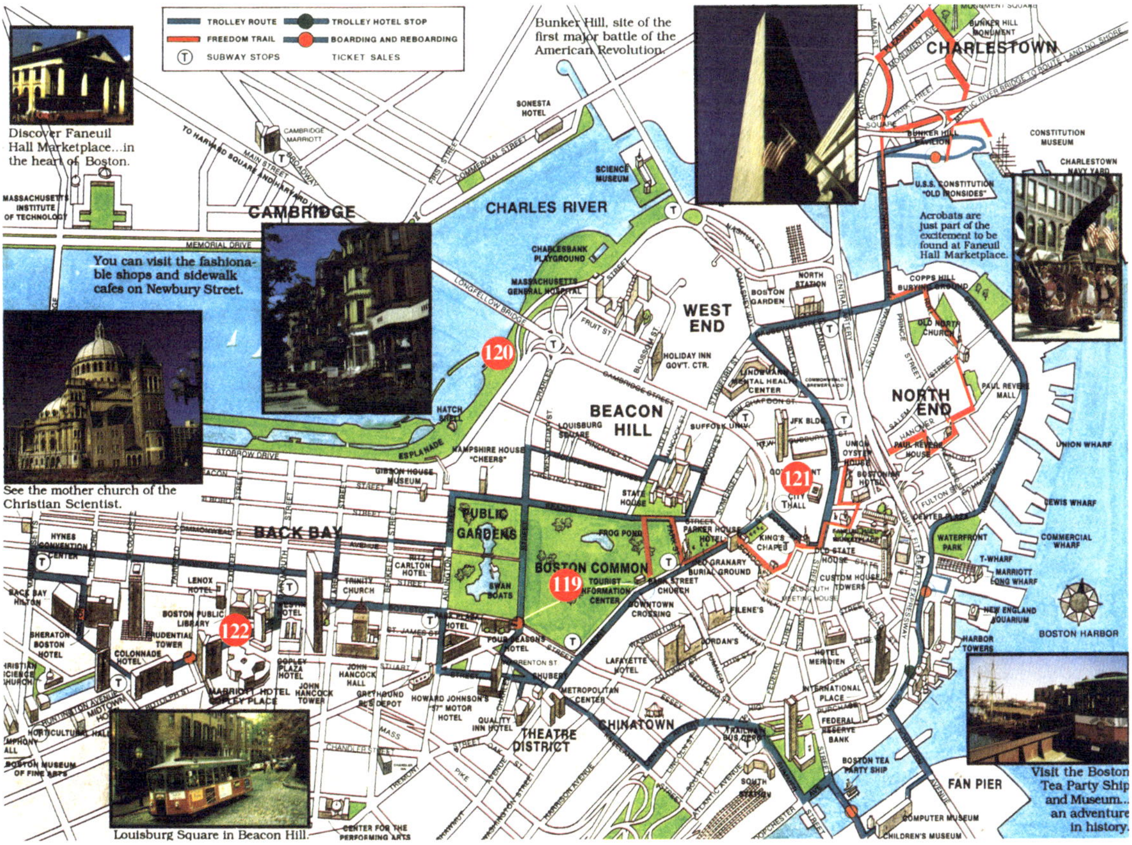

波士顿市中心图

市中心公园鸟瞰

市中心公园雕像喷泉

市中心公园旁州议会大楼

实例120 波士顿查理河两岸

我们在汉考克大厦顶部，观赏到查理河两岸的城市景观是优美开阔的，建筑与自然融合在一起，看得出这里是根据整体的规划建起的。查理河南面，成片整齐的住宅区有绿地穿插其间；查理河北面，有著名的马萨诸塞理工学院(MIT)建筑等，它们的造型简洁而又有变化，但都不高耸，却有序地

查理河岸绿地

查理河旁住宅区，绿带穿插其间

与河岸呼应；较宽的查理河及其两岸绿化带将两岸的建筑连接为一个整体。我介绍此例，就是想说明，有河流穿过的城市，一定要结合自然，尊重历史建筑，不要为了眼前利益，拆了旧房在河岸两边建起林立的高楼，破坏自然环境。我们选高视点拍摄河两岸景观，以取得宽阔、深远的效果，同时选用长焦距镜头可拍到远处局部的景观。这次拍摄是在冬季，绿化效果差，但突出了建筑。

查理河北岸马萨诸塞理工学院主楼

查理河北面沿河景观

实例121 波士顿市府办公楼

在改建波士顿市府广场和设计市府办公楼时，考虑了与原有建筑的协调，其外貌简洁朴素，楼上突出部分为市长办公室，平时市民可随时进出，这个办公楼十分开放。楼前右侧有一活动场地，系著名建筑师贝聿铭先生设计，市民可在这里举办各项活动。楼后原有一个市场，现仍保留并修缮一新，成为市民喜爱的购物、游逛的地方。通过这一实例，我想说明建筑的发展要体现社会公正，官是为民服务的，要开放，要接近市民，要方便市民。拍摄时，运用光影关系，突出此楼特点。

市府办公楼及其广场活动场地

市府办公楼与周围建筑

实例122 波士顿公共图书馆

该处老馆是1888～1895年Mckim等人设计，为文艺复兴时期样式，有一精美的券柱围廊式的古典庭园，其规模适合当时情况。20世纪60年代，根据发展需要进行扩建，由著名建筑师菲力普·约翰逊设计，于1973年新馆建成。新馆采用现代结构，跨度大，中央为20m高带有玻璃天窗的大厅，自然采光，但其外貌却十分重视与旧馆的协调，高度取齐，外墙材料一致，弦月窗与拱券呼应，取得了新旧馆和谐的效果。其重视新旧建筑结合的思想理念和手法，值得我们借鉴。

新馆与老馆外景

老馆围廊式古典庭园

实例123 波士顿哈佛大学建筑设计院建筑系

哈佛大学成立于1636年，开创了美国设立大学的新纪元，它已是世界闻名的一所高等学府。该大学里的建筑设计院内设建筑系，1989年12月我们到该院建筑系参观，耳闻不如亲眼所见，给我的感受是，教学方式十分开放，不是按部就班教授专业课程，而是有较多的自由选课，同其他专业课程交流学习占不少的比重，和外地、外校亦有交往，特别是建筑设计创作课，设在一个大的教室内，不同年级的学生都在一起，全部是开放式，便于学生之间的交流与交往，生动活泼。他们的这种教学思路与做法，我是欣赏的，故在此专门介绍这一点。

入口门厅

开敞设计课的教室内景

实例124 波士顿室内商业步行街

这一室内商业步行街，不像波士顿一些老商场那样豪华，采用花岗石或大理石贴面，还有其他华丽的装饰，这里简洁、朴实，侧面的网架轻盈、自然采光，原木装饰天然典雅，特别是鲜艳的花木布置很得体，创造出不同式样的购物和休息环境。这种自然的美吸引着我，使我联想到国内的许多商业步行街或商场，空间环境差，拥挤，极少天然花木，空气不好，应逐步加以改善。此商业步行街内的光线比较均匀，所拍摄的照片有比较清楚的层次。

得体的花木与塑像装饰

自动扶梯与花木休息平台的联系

配以花木的休息空间

实例125 纽黑文（New Haven）耶鲁大学

纽黑文是美国东部的一个重要海港、文化古城，始建于1640年，1701～1895年为康涅狄格州的双首府之一，18世纪后期与19世纪初期为兴盛的海港，历史上一直以生产枪炮、弹药、橡胶而出名。1701年创办的耶鲁大学，现已世界闻名，它是美国第三所最古老的高等学府。校园内有希腊、罗马古典复兴式的老学院庭院建筑群，亦有20世纪下半叶添建的新建筑，新建筑尊重老建筑，两者结合融为一体，其中有25座建筑都是美国有名建筑师设计创作的，1917年建起的由詹姆斯·甘伯·罗杰斯(James Gamble Rogers)设计的哈克尼斯钟楼(Harkness Memorial Tower)最为有名，楼高67m，为哥特式，它是耶鲁大学建筑立体轮廓的制高点。又如，1977年建成开放的由路易斯·康(Louis I. Kahn)设计的耶鲁英国艺术中心(Yale Center for British Art and British Studies)，完全是新材料、新结构，顶部玻璃天窗，自然采光，外部墙面为不锈钢和薄玻璃组成，同时设计人重视建筑的高度、线条的分割，使其同周围的建筑相协调。还有扩建的图书馆新馆，采用白色大理石墙面，控制建筑高度，既与周围砖石建筑和谐，又有新意，一看便知它是20世纪下半叶扩建的新图书馆(1961年)。这些不断丰富的文化设施，使耶鲁大学更加遐迩闻名。

1989年12月，我们是应耶鲁大学建筑系美籍华裔著名教授邬劲旅先生的邀请来此访问的，在阳光较好条件下拍下了上述的这些建筑特点。

右侧建筑为耶鲁英国艺术中心

古典复兴式的老学院建筑与庭院

哈克尼斯钟楼

图书馆新馆

实例126 费城（Philadelphia）中心区下沉式广场

1790～1800年费城是美国的首都，始建于1682年，现是宾夕法尼亚州的首府。20世纪上半叶由Edmund N. Bacon规划建筑师提出的费城发展规划，很有特色，纵横向中轴线十分突出，建筑与自然紧密结合，绿化融入建筑，建筑在绿化中。在这里，我只介绍它的另外一个特点，就是半个世纪前他们就规划并建设了市中心区下沉式广场，发展了人行交通系统，并将这个人行系统与公共交通系统连接为一个整体。下沉式广场一边联系服务大楼，另一边连接市场街上带有玻璃顶的三层建筑；在下沉式广场的下面，设置地下铁通道。这样处理，使人们来去市中心十分便捷，在中心区活动时不受汽车干扰，有安全感。这一做法，后来才在北欧、澳大利亚一些城市付诸实现，香港地区在20世纪80年代后期至90年代逐步修建起中心地段的人行交通系统。

费城市府大楼前下沉式广场，它连通市府大楼及其东面大楼

此下沉式广场的另一面，它连通市府大楼及其西面建筑，使市中心地区形成人行交通系统，不受地面车行干扰

实例 127 洛杉矶（Los Angeles）

位于美国西部海岸、加利福尼亚州南边，是美国第二大城市。城市名称来自西班牙语，意思是“天使之城”。原印第安人在这里居住，公元1850年人口仅为1600人，20世纪初铁路通到这里，又发现了石油，创建了好莱坞影业，促使城市迅速发展起来。城市布局的特点是分散式，由宽阔道路将分散的城镇联结成网，中心城市区最大，一些高层建筑集中于此。从夜景照片可以看出这一分散式布局的特点。洛杉矶现为工商业海港城市，工业有石油开采、电子、宇航、飞机制造等。1984年在这个城市举办了第23届奥运会。这届奥运会是新中国第一次参加的世界奥运会，当时奥委会主席萨马兰奇为中国射击运动员许海峰颁发了中国获得的第一块奥运会金牌，富有历史意义。好莱坞影城在西北郊，它有“世界影都”之名，因而成为著名的游览地，每日游人川流不息。

俯瞰洛杉矶夜景，远处为市中心城区

1984 年举办第 23 届奥运会的洛杉矶体育场外景

好莱坞影城重要入口处

好莱坞影城一角

实例128 洛杉矶亨廷顿文化园
(Huntington Library, Art Collection, And Botanical Gardens)

这里是洛杉矶市的一个国家文化和教育中心。它位于城市东北部，建立在1919年，占地207英亩，当时是亨廷顿(Henry E. Huntington)先生根据自己的喜爱和收藏创建的，属于私人所有、非营利的一个单位。亨廷顿先生拥有一个金融财团，包括铁路公司和在南加利福尼亚的不动产，但他非常喜欢书籍、艺术和花园，因而凭自己的财力建造了这个地方。图书馆有珍贵书籍和英国、美国历史的手写原稿，共400多万部，是一个美国专门供研究的大图书馆。艺术品收藏馆位于图书馆的西南面，原是亨廷顿先生的住所，里面收藏着法国与英国18～19世纪的艺术品，还有美国1730～1930年期间的绘画和其他艺术品，以及欧洲文艺复兴的绘画和法国18世纪的雕刻、瓷器与家具等。植物园占地130英亩，共建有12个花园，包括亚热带花园、草本植物园、丛林园、棕榈园、玫瑰园、日本花园等。此处给我的感受是，文化艺术氛围浓厚，自然环境诗情画意。在这里拍摄，我尽力反映自身的这一感受。另一感受是，希望我国一些新兴的企业家亦可为社会作些文化建设的善事。

图书馆

亨廷顿艺术品收藏馆

专题陈列馆

雕塑园

花园

实例129 洛杉矶加登格罗夫社区教堂
（水晶教堂 Garden Grove Community Church）

它位于洛杉矶市南郊，靠近迪斯尼游乐园，是1980年建立在高速公路旁的一座高大水晶体，故又称其为水晶教堂。设计人是美国著名建筑师菲力普·约翰逊。它的设计创新了教堂建筑的平面布局和空间环境。为了使每个座位对着并接近圣坛，将古典希腊十字形教堂平面改为四角星状，圣坛在长边的中心，其前为长方形座池，共有1778个座位，东西耳厅挑台各有403座，南面挑台有306座；大厅高达43m，长138m，宽69m，屋顶为白色网架和反射玻璃，仅使8%光线透入，形成晶莹透明无顶无墙与天对应的宁静感觉；三个挑台下部设三个2.5m高的出入口，使低矮入口同高大圣堂形成强烈对比，使人感到自己的渺小。设计人运用现代新材料、新结构，精心创造的这个空间意境，就是为了满足业主期望建造一座人间天堂的要求。他的创新和重视体现意境的精神，值得学习。1989年12月圣诞节前夕到此参观，正逢做礼拜之日，在阳光明媚条件下，我注意体现出这座教堂的特点、环境、人物和意境。

外景

侧面外景

内景

长边挑台及其下面入口

实例130 洛杉矶迪斯尼游乐园（Disneyland）

位于洛杉矶郊区，于1955年建成开放，占地30hm²，是世界闻名的卡通式大游乐园。它是由美国动画片米老鼠形象创作者沃尔特·迪斯尼创立。游乐园里，是由中小古城、美国西部市镇、古堡、卡通馆、立体电影厅、游乐场和溪流、瀑布、雪山、原始森林等自然园林，以道路、广场、水路、铁路连接组成，园内有马车、双层公共汽车、火车、高空缆车和船只等交通工具将游人送往各个分区的景点。创建时有18个游乐点，1980年时增加到57个，这些景观游乐点都是以丰富的想象力创造出的人间幻境，深受人们特别是儿童的喜爱，它是儿童心目中的天堂。园内外餐厅、商店、停车场、旅馆等服务设施齐全，1980年后每年接待游客就超过了千万。它的现代卡通式奇特形象，早已名传全球，许多国家纷纷仿建，21世纪初香港亦建造起一座香港迪斯尼乐园。我们是在1989年12月圣诞节前夕访问了这座迪斯尼游乐园的原版，所拍摄的照片有庆祝圣诞节的卡通样式人物游行的场面。

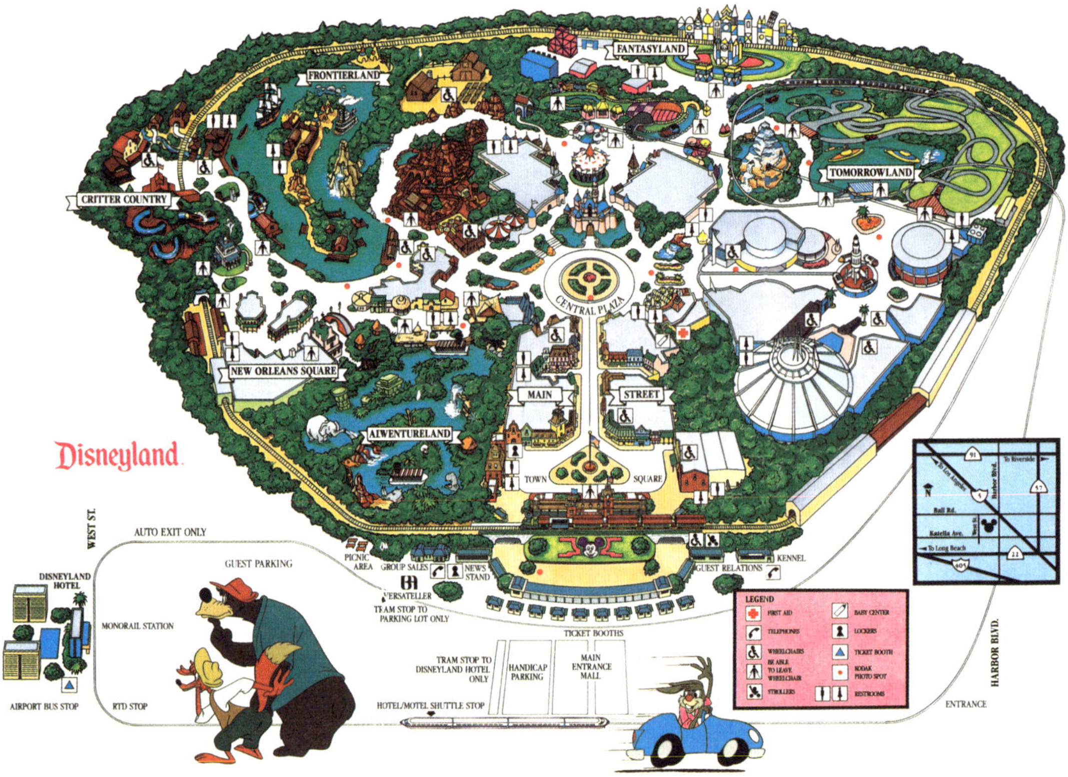
FANTASYLAND
FRONTIERLAND
CRITTER COUNTRY
TOMORROWLAND
CENTRAL PLAZA
NEW ORLEANS SQUARE
MAIN
STREET
ADVENTURELAND
Disneyland
TOWN
SQUARE
WEST ST.
AUTO EXIT ONLY
GUEST PARKING
DISNEYLAND HOTEL
MONORAIL STATION
AIRPORT BUS STOP
RTD STOP
PICNIC AREA
GROUP SALES
NEWS STAND
VERSATELLER
TEAM STOP TO PARKING LOT ONLY
TICKET BOOTHS
TRAM STOP TO DISNEYLAND HOTEL ONLY
HANDICAP PARKING
MAIN ENTRANCE MALL
HOTEL/MOTEL SHUTTLE STOP
GUEST RELATIONS
KENNEL
LEGEND
FIRST AID
TELEPHONES
WHEELCHAIRS
STROLLERS
BABY CENTER
LOCKERS
TICKET BOOTH
RESTROOMS
HARBOR BLVD.
ENTRANCE
Ball Rd.
Katella Ave.

迪斯尼游乐园图

游乐场

卡通园

雪山湖泊

卡通人物游行表演

圣诞节游行

实例131 拉斯韦加斯（Las Vegas）

位于美国内华达州南部，是全球闻名的赌城。19世纪末这里发展为牧场，城的名称来源于此，西班牙语“丰美的草场”即“拉斯韦加斯”。20世纪40年代，城市仅1万人，60年代初期增至7万人，1980年发展到16万多人，这时城市已具有最现代化的赌业设施和豪华的夜总会与旅馆，每年接待2000万游客。城市主要街道的两旁建筑装饰着巨大醒目的布景式的Cacio广告，250家赌场内摆放有6万多具“吃角子老虎机”和其他各种赌具，日夜24小时开业。入夜，赌场、夜总会和旅馆建筑，灯火辉煌，成为世界最耀眼的不夜城。但这里是美国犯罪率最高的城市。城外的沙漠地带一直是美国的核试验场。1989年12月我们到此地观览，所拍照片反映的是当时的情况。据报道，近10多年来，该城新建了许多文化与服务性建筑，城市的性质增加了文化交流与休闲的内容，使城市的面貌和功能作用提高了一步。

突出的广告建筑

街景

赌场入口

赌场内景

洲际大饭店夜景

实例132 西雅图市中心区沿海滨建筑群

西雅图是美国西北部的一个海港城市，东临华盛顿湖，西靠普吉特海峡，背山面水。西雅图是一位印第安酋长之名，它帮助过第一批来此移民的白人，故1869年建市时取其名“西雅图”。1889年发生大火，城被烧毁，后重建，1897年美国西部淘金热，使此城迅速发展成为大城市。1916年建立起波音飞机公司，后不断发展，有8万职工，占全市职工数的一半，故有“波音城”之称。1962年在这里举办过“21世纪展览会”。现全市有公园和游乐园140多处，绿地系统完善。1979年同中国上海结为姊妹港。

西雅图市中心区沿海滨从北到南分为三段，北部是著名的西雅图中心，这里有西雅图最高标志性建筑——“太空针塔”(Space Needle)，高185m,还有展览馆建筑，此中心区是低层建筑群；中部退后的东面为新建高层建筑群；南部是开拓者广场和历史保留区，这北、中、南三部分有节奏地构成了西雅图沿海岸面有韵律的立体轮廓。拍摄立体轮廓全景照片，是比较辛苦的，要跑到对面的半岛上选择视点；拍摄地区全景，要找高视点，选择太空针塔是一个理想的高视点。

西雅图中心区图

太空针塔，顶部像悬于空中的飞碟

市中心区沿海滨立体轮廓

北部低层区，后面为中部高层区

从太空针塔南望中部高层区，后面是南部低层区

南部新建的圆形穹顶建筑 Kingdome

实例133 西雅图公共市场中心

位于市中心区中部临普吉特(Puget)海峡水面，这是个老市场，现被完整保存下来，里面供应市民需要的海鲜食品以及其他食品，新鲜而有地方特点，深受广大市民的欢迎。我到此市场参观时深有感触，并不是因为市场的建筑打动我，这里只不过是一层的老房子，而是繁荣的传统市场，依然被保留在现代化城市的中心地带，这是从广大市民利益出发的做法，颇值得北京等一些城市学习。我联想到很受北京市民喜爱的北京西单菜市场和东单菜市场等，都被高楼大厦所取代。为什么这样做？我认为是规划建设者的思想缺少为市民服务的社会公正理念。

拍摄此处照片，要注意反映出它的位置环境。

市场中心外景

从 Stewart 街望市场中心

实例134 西雅图北部临水绿地与坡路建筑

西雅图市中心区北部，不是高层建筑区，在临水面开辟为绿地广场，立有较高的印第安人的图腾木柱，保留着该民族的传统文化，使这里的空间十分开阔；在这临水休闲绿地的后面坡地上，保存着原有的坡路及其两旁的低层建筑，并修缮一新，增加了新的设施，而不是拆除修建高层建筑。这一北部地区的做法，重视地方民族的传统文化，保留历史街区，创造宜居的生活环境，对于我们很有参考价值。拍摄这里的照片，以光影表现其主题、环境的特点。

休闲绿地前印第安图腾柱

北部临水休闲绿地广场

垂直海滨坡路街景

北部地区平行海滨大道景观（没有高层建筑）

实例135 西雅图北部展览馆建筑

这组建筑是为1962年在西雅图举办"21世纪展览会"而设计修建的，设计人是美籍日裔著名建筑师雅马萨奇。展览馆建筑为浅色尖拱券柱式，自然采光通风，还设有水池喷泉，入口处立有高大轻巧的拱架标志物，新颖醒目。这种轻快、明亮、向上的建筑风格，善于利用阳光、水和尖拱的手法是雅马萨奇建筑创作的特点。我认为设计人的"走向自然，建筑与自然结合"理念是值得我们关注的。拍摄该组建筑的俯视照片，是从太空针塔电梯下降途中抢拍的。

展馆间绿化

展览馆建筑鸟瞰

展览馆前绿地

展馆外景

实例 136 西雅图中部高层建筑间的休闲广场

在中心区中部坡形地段上集中建有许多高层建筑，于这些高层建筑之间辟有休闲广场，在这些空间不大的广场上，精心布置花木、建筑小品和坐凳，有的还设有室外咖啡座，供广大市民休息和会友使用。这同纽约洛克菲勒中心下沉式广场等一样，进行环境建设，为大众活动服务。我再次介绍这类案例，目的是想改变我们一些大城市的做法，重视美化高层区的室外空间，改善其生态环境，便于广大市民使用，而不是将这些室外场地变成了汽车道和汽车停车场。

楼间休闲广场

楼间休闲花园

(十四) 加拿大

实例137 蒙特利尔（Montreal）市中心区

蒙特利尔是加拿大第二大城市，位于魁北克省南部，人口近300万，居民中60%以上为法国移民后裔。1642年法国移民开始定居，1760年被英国占有，1825～1849年曾作为加拿大政府所在地。现为加拿大重要的工业、商贸和文化中心之一。我在这里着重介绍它的中心区已建成为建筑、交通连为一体的做法，即人们称其为“室内城市(Indoor City)”的模式。其中心区有三片连接的综合建筑群，这三片同地下铁环状网连通，并与中心区主干道垂直交叉。从1962～1990年这个系统基本实现，人们在中心区活动不受汽车干扰和雨雪影响。1990年6月我们在此中心区东部片南边蒙特利尔会议中心参加国际建筑师协会第17次大会时，他们介绍这个中心区三片6个地铁车站的统计情况，在此范围内联系各类公共建筑情况在本书前面已有介绍，这里补充商店的街道入口大量转入室内入口的情况，从1961年的2.7%增加到36%，鞋店从0增长到48%，女服装店从1.8%增到67%；另外，室内步行街、广场的发展促进了街面商业文化设施的改进，增加了电子游戏、快餐、酒吧等，使与室内步行街连通的知名室外商街Catherine、Maisonneuve同步繁荣，发挥了系统的作用。拍摄时，注意找其地上地下连接出入口处。

蒙特利尔（Montreal）市中心区图

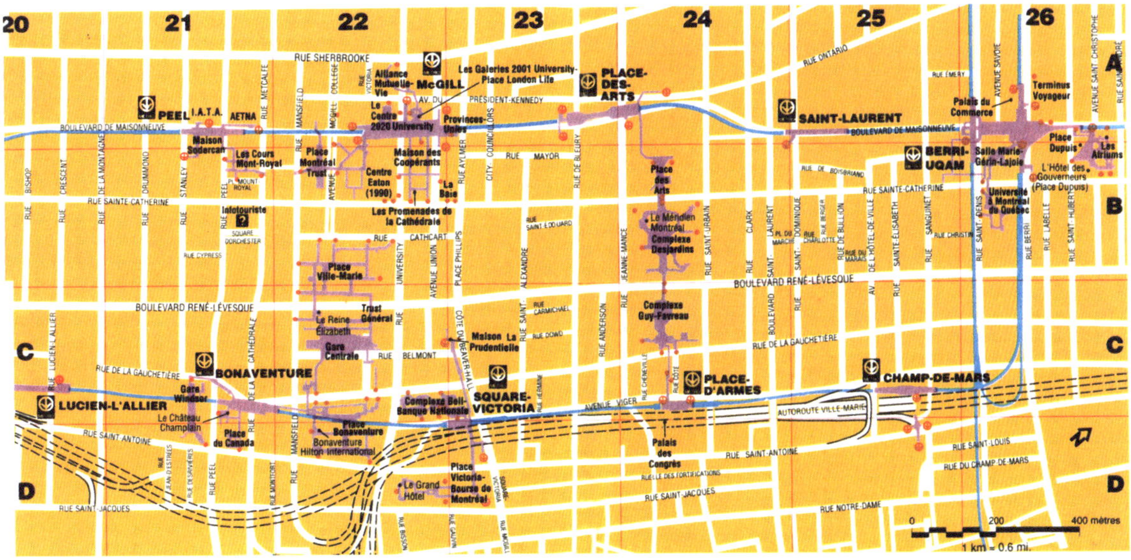

东部片 Place-des-Arts 建筑地上外貌，选用长焦距 200mm 镜头

西部片北端 Cours Mont-Royal 商场地上街面出入口

西部片北端Cours Mont-Royal商场地下层与地下铁和西部片建筑连通

东部片南边蒙特利尔会议中心地上地下连接出入口处

国际建筑师协会第17次大会展出的蒙特利尔市中心区模型，箭头处为东部片南边蒙特利尔会议中心

实例138 蒙特利尔Desjardins建筑

它位于市中心区东部片环形地铁线北面站Place-des-Arts和南面站Place d'Armes之间，此建筑地下层将东部片南北两站间的建筑群连接起来，形成地下空间网，其地上地下商业服务设施齐全，市民购物、出行十分方便。此建筑的地下层、地上各层布置有喷泉、花木，创造出自然的舒适环境。1990年举办的国际建筑师协会第17次大会的各国建筑图片展览就放在一楼大厅内，地上大厅开敞明亮，充分利用自然光。通过地下层南行，就可到达蒙特利尔会议中心，国际建筑师协会第17次大会、第18次代表会就在这会议中心召开，大会讨论的主题是“文化与艺术”，会上通过了《蒙特利尔宣言》，宣言中提出了保护和改善建筑与自然环境质量等问题，代表会上选出了1996年国际建筑师协会第19次大会会址——西班牙巴塞罗那。

我们在这建筑室内空间里，感受到自然阳光、花和喷泉所带来的舒适，随即将这一特点拍摄到照片的画面中。

Desjardins地上出入口。

Desjardins建筑地上大厅。

Desjardins 建筑地下层，射有阳光的喷泉花木。

Desjardins 大厅展出国际建筑师协会建筑图片。

实例 139 “蒙特利尔——67”住宅

1967年在蒙特利尔国际博览会上，建于马盖·比埃河畔的“蒙特利尔——67”住宅，格外引人注意。设计人是加拿大著名建筑师沙夫迪。住宅特点是采用预制的钢筋混凝土盒子式结构，盒子单元长13m，宽6m，高3.5m，重90t，然后在现场将盒子构件用钢缆连接，采取工业化施工，称其为“插挂式住宅”。这种住宅单位，相对独立，有自己的屋顶花园，阳光充足，住户间互不干扰。此住宅建筑群共有158套住宅，15种户型，还配有商业服务设施与公共活动场地。后由于造价高，未得到推广。但它是住宅工业化的一种新做法。这个项目已被选入《20世纪世界建筑精品集锦》北美卷中。拍摄时注意表达盒子式结构的特点。

街道外观全貌

底层出入空间

实例140 蒙特利尔奥林匹克运动场

位于蒙特利尔东部奥林匹克公园内，是为在蒙特利尔举办1976世界奥林匹克运动会修建的。这是一座碗形的大体育场，全部为钢筋混凝土结构，设备齐全，耗资8亿美元。

在市中心区中部高楼中，以高视点拍到东部含奥林匹克运动场的天际轮廓线。

奥林匹克运动场外景。

奥林匹克运动场外形突出在城市东部天际轮廓线上。

实例141 蒙特利尔加拿大建筑中心

该中心是北美用作建筑展览和研究的首要机构所在地，于1986～1988年建在蒙特利尔。设计人是P·罗斯，她的设计风格，都是采用钢和玻璃设计的现代建筑。但这次对加拿大建筑中心的创作，则根据要保留一座公元19世纪建造的肖内西住宅和该中心要反映保护蒙特利尔建筑遗产的精神要求，改变了原有的风格，新建筑采用U字形，将维多利亚式肖内西住宅围在中心，从开长条窗、砌石灰石外墙和建筑体量、高度等方面服从原有建筑，使其和谐为一体，仅在女儿墙处做成一圈铝制漏空檐口，统一整体，并体现出现代的细部。内部布局则根据建筑展览的需要和配套公共设施研究室、图书室、档案室、书店、报告厅(剧场)、咖啡店等的空间要求，合理安排，装饰简洁，富有现代气息。此项目已被选入《20世纪世界建筑精品集锦》北美卷中。该设计尊重老房子的思想有一定的参考价值。

肖内西住宅，后面为新建建筑中心。

新建报告厅。

肖内西住宅圆形厅，拍摄时未补光，缺少层次。

实例142 多伦多（Toronto）电视塔和滨湖建筑群

多伦多是加拿大第一大城市，是安大略省省会，位于安大略湖西北岸边，其意是“富饶的土地”。1787年，英国人以廉价从印第安人手中买了这块土地，1900年前后和1953年先后两次合并附近市镇，扩建了城市，人口300万，现已成为加拿大的工业、金融、商业和文化中心。位于滨湖西弗伦特街的世界第二高的加拿大国家电视塔，造型优美，像一支利剑直插云天，在塔旁还建有屋顶可开启的大型体育场馆，以这组建筑为统领的滨湖建筑群所形成的立体轮廓是多伦多城市的标志。这个规划建设的特点是有参考价值的。1976年建成的这座高553m电视塔，虽低于高645m的波兰华沙电视塔，但它的旋转餐厅高达350.5m，居全球之冠。1990年6月，我们来到塔内，乘每分钟行366m的高速电梯，不到一分钟就被送上观光厅，厅内设有商店、邮局和戏院；从观光厅再到旋转餐厅，此厅直径45.3m，约1小时旋转一周，供450人用餐，在这里可俯瞰全市和安大略湖的风光景色。

多伦多市中心区湖滨建筑群立体轮廓

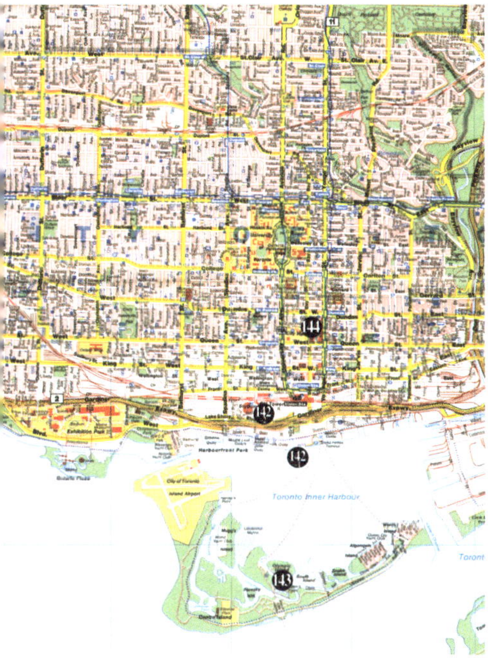

多伦多市中心图

电视塔与体育馆外景

实例 143 多伦多市中心区近湖滨休闲岛区

该岛区位于多伦多市中心区湖滨对面，它与多伦多电视塔隔湖相对。这里有奥林匹克岛、岛上飞机场、中心岛、南岛以及蛇岛等，是一个自然风景休闲旅游区。1990年6月我们乘船直达奥林匹克岛，此处体育设施齐全、场地宽阔，还有许多游艇，真是一个健身的幽静之地。各个岛之间联系方便，休息住处、餐饮、娱乐设施配置合适，游人可在此享受安静的清新的自然美景。这使我想起，国内一些自然风景区内，拥进不少俗气的商业、娱乐设施和摊贩，为了赚钱，破坏了美丽的自然风景，对此管理部门应严格以法控制。我们离开这个岛之前，正赶上雨后放晴出现了一弯彩虹，我拍照留下了这一瞬间；对岸有韵律的建筑立体轮廓画面，也是在此岛上拍摄的；俯瞰该岛的全景，是在多伦多国家电视塔顶上俯摄的。

休闲岛区鸟瞰

岛上球场

实例 144 多伦多伊顿中心

位于多伦多市中心商业区，1967～1981年三期工程全部完成，总面积56万m^2。这个商场以一条长274m的商业街为主要轴线，围绕主轴布置三层楼的300家店铺。商业街的出入口，通过天桥和地道同公共交通站、停车场、周围建筑相连，形成一个人行的空间系统，购物和交通都方便舒适。室内步行商业街顶部为拱形玻璃天窗，悬挂着栩栩如生的群鸟，下面不同层面布置有喷泉和花木，阳光洒进大厅，生气盎然，满园春色。该商场中心是由德籍加拿大建筑师埃德哈德·蔡德勒设计的。该设计的思路是，建立市中心人行商业街系统和创造大自然情趣的空间，这就是我介绍此项目的着眼点。

建筑底层与地下铁相连

实例145 尼亚加拉（Niagara Falls）大瀑布

该景区位于多伦多东面的尼亚加拉瀑布城，与美国交界，是世界著名的大瀑布景观。“尼亚加拉”名称来源于印第安语“雷格隆”，意思是“雷声隆隆”。此瀑布呈半圆形，宽约800m，平均落差51m，水如万马奔腾之势直冲河谷，雷声隆隆。

此景区的对外交通十分方便，交通的便捷首先影响着游人的数量。因此，该景区的游客每日川流不息。此景区的建设比较完美，中间有一条宽敞的道路作为划分，路的一边是近观大瀑布区，走近瀑布观景，水声隆隆，气势磅礴，蔚为壮观，还可由台阶走下乘船贴近瀑水。在路的另一边是服务区，安排有旅馆、商店、娱乐场等各种服务设施和丛林、草地等公园，供游客使用与休息，还建有高塔建筑，于顶层设一圆形餐厅，在用餐的同时可俯瞰大瀑布壮丽的全貌，向左边眺望可见美国的瀑布，但其规模小了许多，宽约300m。这一大瀑布还能提供巨大的能源，加拿大方面的水电站可发电181万kW。

在此壮阔景观前拍摄，一方面要贴近表现其壮丽的景色，另一方面要选择高处，我们登上高塔旋转餐厅，选用超广角镜头，拍到大瀑布及其上部的广阔全景和远处的美国境内瀑布，再改用长焦距200mm镜头，拍下俯视的大瀑布全景。

大瀑布位置

大瀑布全景

大瀑布近景

(十五) 巴基斯坦

实例 146 拉合尔真珠大陆旅馆（Pearl-Continental Hotel）

拉合尔是巴基斯坦第二大城市，是一座历史文化名城，始建于公元1世纪末，公元1021～1186年迦兹纳维王朝在此建都，1525～1707年为莫卧儿王朝都城。老城在现有市区的西北部，已作为老城区保留下来。

真珠大陆旅馆有300间客房，餐厅、宴会厅、会议厅室、公务通信、商店、咖啡店等设施齐全，室外游泳池、网球场等体育设施场地宽阔自然，超大的后花园里可举办盛大的集体活动。这个拉合尔最大的五星级旅馆，是我住过的世界各地旅馆中自然环境突出的一个。1992年10月亚洲建筑师协会第13次理事会和第5次建筑师大会的一些会议就安排在这座旅馆内召开，理事们亦住在此处。拍摄这里的照片，我选用PC镜头和横斜光影，以表现它的环境特点。

拉合尔城图

主楼及其后面游泳池

主楼通往大花园的连廊

可举办集体活动的大花园

实例147 拉合尔城堡

(Lahore Fort)

位于拉合尔老城的西北角，是莫卧儿王朝公元16世纪中叶至17世纪修建的王宫。始建于1566年，阿克巴(Akbar)王在拆除旧有土城后在这里修建王宫，主要建筑在现城堡的北部，即北部的高台上褐红色拱廊围合的建筑，阿克巴王在此处理朝政和接见外宾。贾汉吉王时期，沿此建筑轴线，在北边修建一组建筑和花园，作为他办公休息和沐浴之处。再往后，沙加汗王时期，平行最北边的这组建筑，建造了自己宫室，规模较大，还建有一处为皇后使用的豪华镜宫，此宫墙壁用白色玉砌成，在拱顶上镶嵌宝石、玻璃球，反光映照，闪烁耀眼，五彩缤纷。这些宫室花园，基本是莫卧儿阿拉伯式，有自己的特色。

拍摄时，运用较高视点和PC镜头表现它的特色。

阿克巴王宫，在此处理朝政

贾汉吉王宫

沙加汗王修建的豪华宫室

阿克巴王宫前花园

城堡出入口

实例148 拉合尔巴德夏希清真寺（Badshashi Mosque）

位于拉合尔老城西北角，其东紧临拉合尔城堡，是巴基斯坦最大的清真寺。建造年代为公元1673～1674年(莫卧儿王朝时期)。寺院由高大红砂岩石墙和四角耸立的宣礼高塔围起，在东西向主轴线上东端，建有庄重美丽的入口大门，登上22级台阶，进入院内，是一160m见方的大广场院落，广场中心有一大理石砌筑的16m见方的水池，这是供穆斯林礼拜前斋戒沐浴；沿此中轴线往西，尽端即是礼拜寺殿，殿顶立有三个银球穹顶，在阳光下闪闪发光；进入殿内，穹顶上刻有图案花纹和涂上金粉的古兰经文，墙面上亦嵌有瓷饰带和古兰经文，地面是一排排整齐的以线隔开的方砖。这些室内外的装饰，工艺极为精湛，体现着莫卧儿伊斯兰式的建筑风格。

在这里拍摄，选用PC镜头和运用侧面光反映它的特殊风格。

从礼拜寺殿望入口

入口外貌

礼拜寺殿外貌

礼拜寺殿中心入口处

礼拜寺殿内景

实例149 拉合尔贾汉吉陵墓（Jahangir's Tomb）

位于拉合尔老城外的北面，过瑞威河（Ravi River）700m处。贾汉吉王于1627年去世，这是其子沙加汗王为其父修建的陵墓，1637年完成，陵墓主体建筑和陵园规整呈方形，陵园规模大，视野开阔，中轴线突出，对称布置着草坪花木，中间有一方形水池，陵墓主体建筑坐落在中轴线的尽端，其立面是11间拱券门廊，四角矗立着壮丽的高塔，庄严肃穆，富有陵墓的纪念意义。陵园的绿地布局和建筑的拱券、高塔的造型以及内外装饰纹样与材料都充分反映着这一时期莫卧儿伊斯兰式的建筑特点。

在此处仍然使用PC镜头和选用侧面光突出它自身的特点。

入口

从入口门洞望陵墓主体建筑

陵墓主体建筑

主轴线景观，从陵墓主体建筑望入口处

实例150 拉合尔夏利玛园（The Shalamar Bagh）

该园修建在巴基斯坦拉合尔市东北郊，1643年开始建造，是国王沙加汗的庭园，他以其父贾汉吉在克什米尔的别墅园夏利玛取名，并仿其布局样式。此时期的拉合尔城市规模比当时的伦敦、巴黎还大，十分繁荣。该园的特点是：

⑴突出纵向轴线。该园是长方形，南北向长，东西向短，地势北低南高，顺南北向做成三层台地，由南北纵向长轴线将三块台地贯穿在一起，形成对称规则式的整体格局。

⑵中心为全园的高潮景观。中心在第二层台地的中间，布置一巨大的水池，水池中立一平台，有路同池旁东西两亭相通，池北面设凉亭，水穿凉亭流下至第三层台地的水渠中，池南面设一大凉亭，其底部设一御座平台，昔日国王、今日游人可在此观赏大水池中144个喷泉的美丽景色，举目环视周围，高低错落的园景尽在眼前，形成了景观的高潮。

⑶十字形划分成四分园。第一层高地和第三层低台地都采用十字形，划分成四分园，在每块分园中，又以十字形分成四片，这一高一低的台地园十分规整统一。其南北方向的轴线部分由宽6m多的水渠构成，同克什米尔的夏利玛园相类似。

现园门设在南面，建园时大门设在西北面，便于城市来往联系，从低层台地入园。国王浴室在中央水池的东边围墙处，环境优美。

在此处拍摄，选择较高视点，以体现宽阔的主景；运用前景，以体现空间的层次。

二层平台大水池

中轴线，前为第二层平台大水池边御座

从大水池北凉亭望北面最底层平台

实例151 伊斯兰堡（Islamabad）

巴基斯坦的首都，1961年始建，1970年基本建成，人口20多万。该市北依玛格拉山，东临拉瓦尔湖，城市路网为东西向长条状棋盘式布局，东部是总统府、议会大厦和政府各部门的行政办公区；行政区南面为大使馆区，在此区西面为银行、电视广播、通信等公共事业区；西部为住宅社区，区内有商店、学校、清真寺等等生活服务设施，西南部为轻工业区和大专院校区。市区内无高层建筑，是以绿带、公园穿插在各区内，并配合路网将各区连接为一个整体，完全是一个花园城市。它是我亲眼见到的绿地覆盖率最高、自然环境最好的一座新建城市，虽然林木树种有待提高，但已为良好的城市生态环境打下了基础。它的重视自然、社会生态功能的规划原则和做法，值得我们学习。在市区南面夏克帕利山上建有玫瑰、茉莉公园，这里种植了250多种玫瑰和几十种茉莉，山顶上还专门开辟了一块为来访外国首脑植树留念的园地，1964年初周恩来总理亲手栽植一棵乌柏树，现已枝叶繁茂，我拍下了这一景色，这是中巴友谊的象征，让人缅怀。所拍照片，突出其遍地绿化的环境特点。

行政区街景

从玛格拉山南望绿海中的市区

玫瑰、茉莉公园中为外国首脑植树留念的园地

1964 年周恩来总理栽植的乌柏树

实例152 伊斯兰堡费萨尔清真寺

该寺位于伊斯兰堡市北部玛格拉山山脚，占地20hm²。建造年代是1970～1986年，设计人是土耳其建筑师V·达洛开依，他是通过国际设计竞赛被选中的。这组建筑群包括礼拜堂、沐浴区院落和一所国际伊斯兰大学。主体建筑礼拜堂平面为正方形，堂内可容1万人做礼拜，屋顶是以空间构架形成的巨大帐篷形式，高40m，大堂四周立有4个高达80m的邦克楼。礼拜堂前是个大院落，“麦加朝圣墙”和“圣龛”位于堂和院落的主轴线上。建筑采用的是钢筋混凝土结构，屋顶饰面为大理石，地面为花岗石。设计人突破了传统常规的拱券、穹顶、伊斯兰图案的具体模式，而是应用新材料、新结构体现着传统的意味，这种创新而不丢掉传统的设计精神是该建筑的特点，也是我们提倡的一种创新做法。此项目已选入《20世纪世界建筑精品集锦》南亚卷。由于礼拜堂和邦克楼的高大，只有用PC镜头才能较好地表现其特点。

礼拜堂正门入口处

礼拜堂内景

礼拜堂全景

实例153 卡拉奇清真寺（karachi Mosque）

卡拉奇人口600多万，是巴基斯坦第一大城市和最大的港口，1947～1959年曾为巴基斯坦首都，是一个工业、商贸和金融中心。市内大小清真寺很多。卡拉奇清真寺是一个现代清真寺，屋顶是一个巨大的圆拱穹顶，由低的砖墙承托着，具有很好的音响效果，经过声学处理可使做礼拜者都能很清楚地听到声音，这是该建筑的一大特点。此寺及其环境布局对称严整，故选择在其中轴线上拍摄。

卡拉奇清真寺外景

(十六) 日本

实例154 东京都新都政厅

东京都是日本首都，人口约1200万，面积2155km^2。历史上此处称江户，1868年明治天皇从京都迁都到江户，改名东京，1943年颁布法令改为东京都，以扩大管辖范围。它是日本第一大城市，第四大港口，工业发达，大专院校190多所，银座、新宿、浅草、涩谷等区商业繁华，因而东京都是日本的政治、经济、文化、交通中心。1979年，它和北京市结为友好城市。

20世纪80年代为了减轻旧区的压力和发展的需要，将都政厅迁往新宿区，新建新都政厅，建筑总面积19.56万m^2，1986年由日本著名建筑师丹下健三中标承担设计。这组建筑包括办公塔楼、低层议会议事堂和一个市民广场，使用合理方便；内部设施高科技现代化，水、电、暖、空调、办公完全是由智能电子系统导入；外观充满现代化气息，似集成电路的图案装饰，两边直立双塔的造型，又似哥特式教堂，将传统与现代结合在一起，墙面门窗、线条制作精细，充分体现出高科技工业化的水平。前辈建筑师丹下健三重视采用新结构、新技术及其不断创新的精神值得后人学习。

塔楼两侧围廊

塔楼入口处

办公塔楼外景顺光拍摄，立体感不强

实例155 东京都银座（Ginza）

位于中央区，北起京桥，南至新桥的一条长1.5km的大街及其东西两面的区域，是东京都最繁华的商业区。银座名称来源是，德川幕府时代这里为铸造银币的官署，即银座官署，于明治三年(公元1870年)定名为“银座”。银座大街两旁是各类商店、百货公司，专门销售和陈列高档名贵商品。银座大街以东为东银座，以西为西银座，建有许多饭店、酒店以及娱乐场所。从1970年8月起，每逢星期日下午、节日午后，禁止车辆通行，改为步行街，游人更加方便、安全。夜晚，这里霓虹灯五光十色，我专门来此拍下“夜银座”的景色。

银座夜景

平日银座大街

节假日银座步行街

日本“Nissan”、“Maxell”、“日本酒中心”等大公司展示楼外景

实例156 东京都上野公园

位于台东区西部，占地52.5hm²，是东京都最大的公园。北面历史文化区，有东京国立博物馆、国立科学博物馆、国立西洋美术馆、都立美术馆、东京文化会馆等，这些文化馆建筑是19世纪和20世纪建造的，配以规整的自然绿化设施，构成了一个具有历史文化氛围的参观、游览区域，可以称其为代表日本的“文化之林”。公园的西北面是动物园，建于1885年，是日本最早的动物园，中国赠送的大熊猫欢欢和飞飞就饲养在这里。公园的西南部是不忍池，池内栖息着野生雁、黑天鹅、鸳鸯、野鸭等水禽5000～6000只，1964年在池旁建有水族馆。动物园与不忍池之间，以桥与空中缆车相连。拍摄时注意体现不同区域的特点，在主题、环境、人物、动物几方面加以区别。

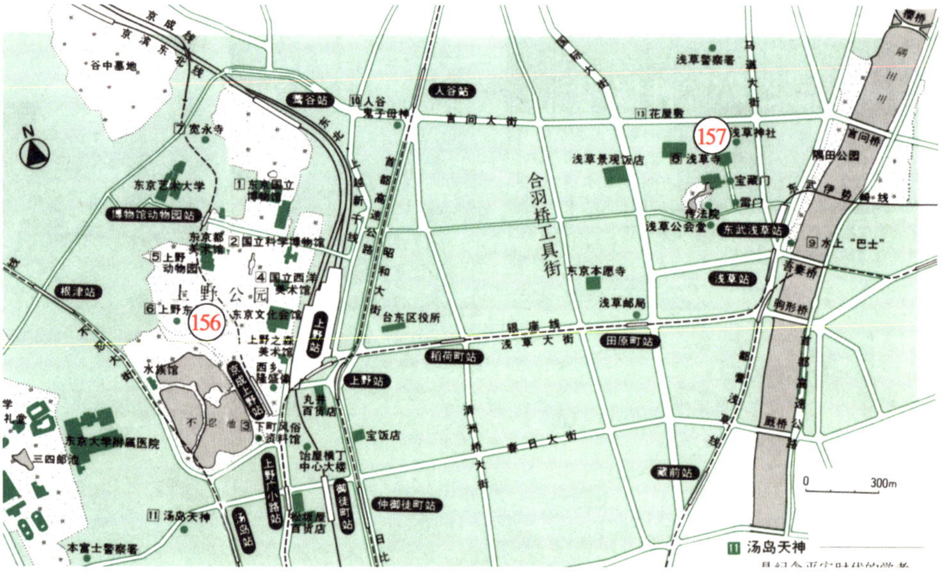

东京都上野、潜草区图

博物馆前绿地环境

国立西洋美术馆，馆前立有罗丹的雕塑

动物园入口处前

鸟群漫天飞舞

实例157 东京都浅草寺

位于上野公园的东面，这里保留着浓厚的江户时代形成的文化风格和历史，它是“老东京”们回忆往事的地方。寺院庭园形成于公元17世纪，一年当中进行许多节日活动，届时热闹非凡，如1月1日“初拜”、2月3日“节分”、7月10日“卖酸果集市”、12月17日“羽毛毽木板(正月玩的玩具)集市”等等。寺周围有花市、商场、游戏机室等设施，已形成为一个老东京商业繁华区，是访问东京的外国游客必去观光的地方。

拍摄时选用PC镜头，通过人物、环境反映此处的特点。

寺旁商场

浅草寺入口前两动物石雕

浅草寺主殿

浅草寺塔与主殿

寺旁花市

实例158 横滨（Yokohama）

位于东京都以北20km，人口近300万，是日本第二大城市，第一大港口。原是东京湾畔一个渔村，1859年发展为自由贸易港，1889年建市，1923年关东大地震和第二次世界大战遭到毁坏，后重建。工业发达，以运输机械、电器、石油、食品工业为主。该市绿地建设较好，有大小公园330多处。

滨海公园

滨海公园喷泉、母亲雕像

实例 159 横滨历史建筑古迹标志

对于一些有历史价值的建筑地区或地点，被毁坏后，修建了其他新建筑，为了说明此地的历史情况，在原处立一石牌标志，上面刻有原历史建筑名称或历史街区名。在日本东京都，这种历史建筑古迹标志更多，这是我见到的日本做法，可资参考。

港町鱼市场迹

神奈川运上所迹

实例160 横滨中华街

日本几个大城市都有中华街，横滨的中华街较有规模。它位于市中心山下町、松影町，大街两侧商店、饭馆林立，有300多家店铺，经营中国的服装、食品和杂货，有100多家饭店，经营正宗的上海、广东、江苏、四川的饭菜，这些店面都是由华人经营。街中心立有一所关帝庙，求其保佑，事业兴旺；在两头入口处各立一个中国牌楼，彩画鲜艳醒目，并于其中间书写中华街名称。我们来此参观，感到格外亲切，这是我在国外看到的较有规模、较有气势的一处华人街。

选用PC镜头拍摄，以表现窄街的特点。

入口处牌楼

街景

实例161 名古屋市中心大街

名古屋是日本第四大城市，为中部行政、经济、工业、文化中心，还是日本第三大港口，年吞吐量在8000万t以上。

1992年3月我们到此城市访问，其市中心南北向轴线宽100m大街给我留下了深刻的印象，街的两旁有松下电器、住友商事、爱知文化讲堂、县美术馆、三越百货、大和银行等，街心是100m宽的绿地公园，偏北矗立着180m高的名古屋电视塔，还有喷泉、不锈钢雕塑品，环境清新开敞，这里已成为名古屋的重要标志。大街下开辟有地下街道，商店齐全，地下铁与其相连，市民和游客来去非常方便。这种将中心区地上地下交通连成系统的做法和重视市中心区绿地环境建设的规划思想有参考价值。拍摄时首先找制高点，登上电视塔，拍到鸟瞰照片，然后到地面拍其特点。

名古屋市图

北望全景

大喷泉与电视塔

南段地下街出入口，上立绿丘不锈钢船形雕塑

南部街景，远处为电视塔

电视塔南侧地下街出入口

实例162 名古屋东山天塔、东山公园（Higashiyama Sky Tower）

位于名古屋市东部，是一座钢结构防震的塔楼建筑，此塔楼可俯瞰到名古屋最好的景观，夜晚在塔楼饭店里可欣赏到名古屋的夜色全景，观赏时间为周二至周日的早9时至晚9时。东山天塔旁为东山公园，公园内有一动物园，它是东方最大的动物园之一，在日本仅次于东京上野动物园，其内有夜行动物区，夜行动物活动在自然环境里。园内植物园有一大的绿色花木房和许多自然的散步观赏路。此园还设有儿童游乐场。到此公园观赏的儿童及其家长居多，一方面可观赏动、植物，休息游乐，增长知识，另一方面还可增进人们对大自然动植物的喜爱。拍摄时正逢阴天，画面效果灰暗，拍塔楼选用PC镜头。

东山天塔外景

东山公园动物园

东山天塔上部

东山天塔内植物温室

东山公园儿童游乐场

实例163 名古屋茶庭花园

名古屋新建的茶庭花园是一座典型的传统日本式花园。总体布局是日本回游式池泉庭园，又将日本茶庭结合在一起，类似于京都桂离宫的做法。在此茶庭中，按茶道程序饮茶，并欣赏着庭园中的自然美景，真是一种休闲生活的享受。同时，设计人还把日本石庭也组织进来，既丰富了花园的景观，又更加突出了日本花园的特色。在此园，通过拍摄其主题、环境，可表现出日本花园、茶庭、石庭的特点。

入口

中心建筑茶庭

石庭

建筑与庭园

农舍院落

实例164 大阪商业新区（Osaka Business Park）

大阪是日本第三大城市，人口近270万，轻、重工业都很发达，是一个综合性的工业城市，附近有10余座卫星城市。城内有五层九重的天守阁，曾几次毁于兵灾与火灾，现在的天守阁按原样以钢筋混凝土重建，高56 m，于1931年11月建成。

这里仅介绍一个整体开发的建筑群，即大阪商业新区，它是以第三产业建筑为主体的实例，位于大阪老城天守阁北面，是一块被两条河环绕的三角形地段，建有松下IMP大楼、住友生命楼、水晶宫、21世纪姊妹楼、新大谷旅馆等，这些建筑层数较高，但却留有足够的绿地和广场，在各个建筑的内部都布置有不同风格的绿化大厅或中庭，使这一地段的环境得到了很好的发展。介绍这个实例的目的是，推荐城市整体开发建设的做法和要重视改善和提高城市各地段的环境质量。拍摄此新区时，天气阴沉，照片灰暗，缺少层次。

大阪城图

新区中心街道中段街景

大阪商业区新区中心街道环境绿化（左为 21 世纪姊妹楼，右为松下 IMP 大楼）

新区中心街道尽端对景——水晶宫

从水晶宫南望老城天守阁

实例165 奈良东大寺

奈良是日本古都，于公元710～789年奈良时代在此建都，名平城京，现平城京遗址位于市西郊，是方形，仿中国唐长安城建造。奈良建筑古迹甚多，其中东大寺是现存的世界上最大的木结构历史寺庙建筑，它始建于公元8世纪前后，按中国寺院建筑结构建造，1980年进行过第二次整修，大佛殿高46m，宽57m，进深50m，殿内供奉金铜奈良大佛，佛体与石座高21.45m，重452t，为世界第二大佛，仅次于中国西藏扎什伦布寺的“未来佛”。寺旁古杉、古松大树参天，在此天然条件下养鹿千头，供游人观赏，使人们享受着富有生气的大自然美景。

我们到这里参观，碰上小雨，拍照时注意人物、意境，以此反映主题。

主殿正面外景

东大寺旁二月堂

东大寺前鹿苑

东大寺前鹿池

实例166 京都平安神宫（Heian Shrine）

京都(kyoto)位于本州中西部，公元794～1869年为日本首都，是日本古都和宗教、文化中心，面积610km^2，人口150万。市内建筑、绘画、雕刻、园林被定为国家文物的有21个，占全国总数的15%，由于历史文物古迹多，1950年被定为国际文化观光城市。城市东西北三面环山，市内街道为棋盘式，市中心为皇城、宫城，这是仿中国唐长安城、洛阳城格局建造的。早在1000多年前日中就进行文化交流，京都同西安就有友好往来，1974年京都市同中国西安结为友好城市。该市性质的确定、规模的控制较好，值得学习。但它的旧城整体保护，出乎我的预料，我认为不如欧洲做得好，整体保护的思想在欧洲城市的反映比京都和其他一些亚洲城市深刻。京都历史建筑文物古迹点和局部片，保护得很好。

平安神宫在京都市左京区，于公元1895年(明治28年)为纪念桓武天皇建都平安京(京都)1100周年而建造，总面积3.3万m^2，是日本最宏伟的一座神宫。建筑雄伟壮丽，碧瓦红柱，正殿高17m，进深30m，屋脊两端镀金鱼尾形构件装饰，格外醒目，殿两边以走廊连通东面苍龙楼和西面的白虎楼。正殿是仿原祭神之殿，其后东西两殿供奉桓武、孝明两天皇。神苑分东、西、中三部分布置在神宫周围，占地3万m^2，林木繁茂，左右设有苍龙、白虎二池，其布局是日本的回游式池泉园林。每年10月22日在此神宫里举行京都三大祭之一的时代祭。拍摄时选用PC镜头，注意表现该神宫、神苑的特点。

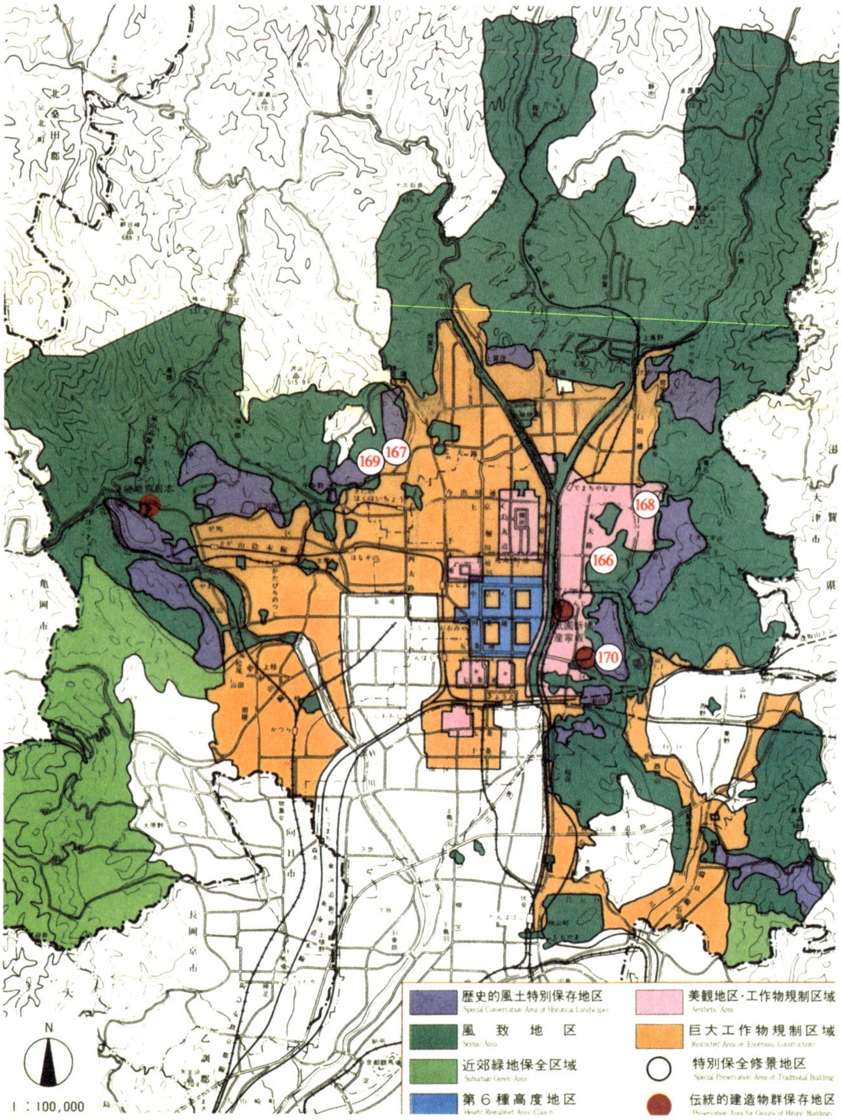

京都城图

正殿全景

正殿与东面苍龙楼

东苑景观

实例167 京都金阁寺（Kinkakuji Temple）庭园

该园位于京都市北部，始建于1397年，为幕府将军足利义满的别墅，后改为寺院。占地9hm^2，庭园居半。此园的特点有：

⑴舟游回游混合型。此园水面较大，可以泛舟游赏，同时在湖面的四周布置了游览散步的小路，亦可以环湖回游庭园的景色，它是一个舟游式与回游式泉池庭园兼有的典型。

⑵寺阁展立湖岸旁。以往庭园的主要建筑多建于湖池之后，此园则将全园的中心建筑布置在湖岸旁，部分伸展在湖池之中，立阁中可俯瞰全园开阔景色，从湖对岸可观赏到金阁倒影的辉煌景色。

⑶建筑镀金金光闪。此阁三层，在建筑外部镀金箔，故名金阁。其第一层为法水院；第二层为潮音洞，供奉观音；第三层为究竟顶，系正方形禅堂，供三尊弥陀佛。该阁1950年被火焚毁，1955年复建，其造型轻巧舒展，做工精细，金光闪烁，遂列为日本的古迹、名胜。

⑷意境造景层次增。湖面池中布置有岛，一方面寓意神岛，另一方面可丰富景色的层次。

拍摄金阁特写时，选用200m长焦镜头，因靠近拍照无法进入湖中，在岸上靠近金阁处只能拍其侧面。

寺阁展立湖岸旁

银阁侧面

银阁外景

实例168 京都银阁寺（Ginkakuji Temple）庭园

该园位于京都东部，是幕府将军足利义政(1436～1490年)按金阁的造型，在东山修建的山庄，占地1hm²多，设计人为著名造园艺术家宗阿弥。此园特点是：

⑴舟游回游仿金阁。该园总布局同样是舟游式和回游式的混合型，建筑位于池岸，建筑的造型模仿金阁，为佛寺建筑与民间建筑形式的结合型。原计划建筑外部涂银箔，后因主人去世，改涂漆料，故俗称银阁。后改为寺，又称银阁寺。此银阁二层，一层为心空殿，系仿西芳寺舍利殿，二层为潮音寺，是佛殿供观音。

⑵小中见大巧安排。园虽小，但精巧安排空间变化，池岸曲折，创造悬崖石景等，给人以扩大的空间感。

⑶模仿名胜造景观。园内向月台和银沙滩，与中国西湖风景相仿，为赏月之地。这些造景丰富了该园景色，又增大了空间感。

实例169 京都龙安寺（Ryoanji Temple）石庭

该庭位于京都西北部，邻近金阁寺，建于15世纪，此石庭是在一方丈禅室前的面积为330m²的矩形封闭庭院。其特点是：

⑴自然朴素抽象美。这是受禅学思想影响，追求与世隔绝的大自然理念环境，创造出静看的抽象的大自然优美景观。1992年3月笔者站在此禅室外平台上静观此石庭，确实感到它是一个模拟大自然宏伟景观的一组抽象雕塑。

⑵象征大海覆白砂。石庭的全部地面铺以白砂，并将白砂耙成水纹条形，以象征大海。

⑶象征岛群布精石。在白砂地面上，布置了15块精选之石，依次按5、2、3、2、3成五组摆放，象征五个岛群，并按照三角形的构图原则布置，达到均衡完美的效果。

⑷大海群岛联想像。这组抽象雕塑的石庭，给人以对宇宙的联想，使人联想到大海群岛的大自然景观，心情格外超脱平静，这就是禅学所追求的境界精神。

正殿及其平台

石庭

三重塔

实例170 京都清水寺（kiyomizu Temple）

位于京都东山，占地13hm²，始建于公元780年，是桓武天皇的本院寺。创建人是唐僧的第一弟子慈恩大师，后此寺多次被烧毁，现存清水寺为1633年重建之物，是日本国家级文物。正殿依山而建，前部是由139根高大圆木支架起的平台，气势雄伟，从这平台上远望，可看到大半个京都的景色。寺中有清水流过，终年不断，清水寺由此而得名。寺内还有钟楼、三重塔、经堂、地方神社等16栋建筑，其造型各具特点。

拍摄此处，选用PC镜头，注意反映其主题、环境与人物的特点。

图书在版编目(CIP)数据

建筑文化感悟与图说. 国外卷/张祖刚著.—北京：
中国建筑工业出版社，2008
ISBN 978-7-112-10240-2

Ⅰ. 建… Ⅱ. 张… Ⅲ. 建筑－文化－外国 Ⅳ.TU-8

中国版本图书馆CIP数据核字 (2008) 第113264号

本书概述了建筑文化的理念与建筑文化的摄影表现。作者从游历世界20多个国家、数十座城市的拍摄的城市、建筑和风景园林作品中的精心挑选出170个实例，并作了图文并茂的解说，使读者了解到西方建筑文化发展的梗概以及对我国城市、建筑和风景园林事业的发展十分有益的信息。

本书可供广大城市规划师、建筑师、风景园林师和广大群众与摄影爱好者学习参考。

This book approaches the conceptions of architectural culture and the relevent photographic composition, presenting 170 selected works of architecture and landscaping from dozens of cities in 20-odd countries Mr. Zhang Zhu-gang has explored, with a view to formulating an outline of the development of western architectural culture. It caters for city planners, architects, landscape designers and photographers, with the purpose of being instrumental for the development of city, architecture and landscaping in China.

* * *

责任编辑：吴宇江
责任设计：张政纲
责任校对：汤小平

建筑文化感悟与图说 | 国外卷
张祖刚 著
*
中国建筑工业出版社出版、发行（北京西郊百万庄）
各地新华书店、建筑书店经销
北京方嘉彩色印刷有限责任公司
*
开本：787 × 1092毫米 1/16 印张：19 字数：462千字
2008 年12月第一版 2008年12月第一次印刷
印数：1— 3,500 册 定价：58.00 元
ISBN 978-7-112-10240-2
(17043)